中国近现代印刷设计体制研究

（1840—1949）

张馥玫 著

U0313746

中国水利水电出版社
www.waterpub.com.cn
· 北京 ·

内 容 提 要

本书观察与探究中国近现代历史时期在印刷与出版领域中设计机构的组织架构、实践行为与设计成果。在具体分析时，考察大型出版机构、设计师出版机构与商业美术机构这三种不同类型的印刷设计机构及其运作机制，探讨中国近现代印刷设计体制的特点，从技术、体制与文化三个渐进的层次来勾勒中国近现代印刷设计的概貌。中国近现代印刷设计师与设计机构是中国现代设计的实践主体，促进了中国设计从传统向现代的转型。

本书作为中国印刷设计史研究的子课题之一，适合作为高等院校与高职高专艺术设计类专业学生了解中国现代设计的参考读物，期冀对印刷文化与艺术设计感兴趣的读者有所帮助。

图书在版编目（ＣＩＰ）数据

中国近现代印刷设计体制研究：1840—1949 / 张馥玫著 . -- 北京：中国水利水电出版社，2019.7
ISBN 978-7-5170-7867-8

Ⅰ.①中… Ⅱ.①张… Ⅲ.①印刷－工艺设计－研究－中国－1840-1949 Ⅳ.① TS801.4

中国版本图书馆 CIP 数据核字 (2019) 第 153488 号

书　　名	中国近现代印刷设计体制研究（1840—1949） ZHONGGUO JINXIANDAI YINSHUA SHEJI TIZHI YANJIU（1840—1949）
作　　者	张馥玫　著
出版发行	中国水利水电出版社 （北京市海淀区玉渊潭南路 1 号 D 座　100038） 网址：www.waterpub.com.cn E-mail：sales@waterpub.com.cn 电话：（010）68367658（营销中心）
经　　售	北京科水图书销售中心（零售） 电话：（010）88383994、63202643、68545874 全国各地新华书店和相关出版物销售网点
排　　版	央美艺境（北京）文化艺术发展有限公司
印　　刷	北京中献拓方科技发展有限公司
规　　格	184mm×260mm　16 开本　8 印张　166 千字
版　　次	2019 年 7 月第 1 版　2019 年 7 月第 1 次印刷
定　　价	60.00 元

‖ 前　言

2004年在中山大学中文系学习时，我曾出于对图像研究的兴趣而撰写文章探讨《点石斋画报》的图文关系。还记得当时在广东省立中山图书馆翻看一册册《点石斋画报》影印本时的激动心情，从此与中国近现代时期的印刷出版物结下了最初的缘分。出于对晚清由中国人编创与绘制画报的浓厚兴趣，我试图在图像与文字之间寻找两者的互动规律，也在后续求学过程中，尝试通过近代印刷物将文化研究与设计研究联结起来，本书的撰写也与这一研究初衷相关。

清朝末年与民国时期，中国社会经历了两千多年来从未有之大变局，社会的物质文化生活与精神文化景观均发生天翻地覆的变化。在中国社会从传统向现代转型的时代进程中，以印刷为技术媒介的书籍、报刊、广告、包装等领域不断涌现新事物与新形式。本书所关注的印刷出版物作为重要的物质载体与传播媒介，参与塑造了中国近现代的社会文化景观，近现代印刷设计体制的特征也反映了中国近现代社会在科学技术、社会管理、日常生活、文化观念等多方面的变迁。

本书通过梳理三种不同类型的印刷设计机构，建立研究框架，分析中国印刷设计的面貌特征。作者期望从中国近现代印刷设计的现象与成果出发，从技术条件、体制管理与文化影响三个维度总结中国近现代印刷设计体制的特征，最终对中国近现代印刷设计实践形成整体观照。西方现代印刷技术自19世纪初经宗教传播与商贸活动开始传入中国。中国在漫长历史时期中所形成的具有持续性与稳定性的传统雕版印刷系统，在动荡时局中受到前所未有的技术革新与文化冲击。与其他社会领域中所面临的挑战与机遇一样，中国印刷出版行业也经历了从传统印刷出版向现代印刷出版转型的艰难过程，逐渐实现了工业化的大规模发展。在繁荣的出版景象与丰富的商业宣传背后，本书试图勾勒一个个独具特色又有一定群落特征的印刷出版机构与商业美术机构，通过丰富多元的印刷设计行为来反映社会的文化传播、生活变迁与精神观念变革。

时间总在指缝中不经意流逝。作者才疏学浅，撰稿仓促，付梓惶恐。本书仍有诸多不足之处，敬请广大读者批评指正。

张馥玫

2019年1月

目 录
CONTENTS

前言

‖ 第一章　研究概述 ‖

‖ 第二章　中国印刷设计的现代萌芽 ‖

‖ 第三章　大型出版机构中的印刷设计 ‖

‖ 第四章　设计师出版与印刷设计 ‖

‖ 第五章　商业美术机构与印刷设计 ‖

‖ 第六章　结论 ‖

参考文献 /113

第一章

‖ 研究概述

第一节　研究目的与意义

一、研究的目的

本书通过对中国近现代印刷设计体制的分析与探讨，试图勾勒这一命题的研究概念、研究方法与研究逻辑。该书首先对印刷设计的概念进行梳理、分析与界定；其次，尝试搭建起近现代印刷设计体制的研究框架；最后探索中国近现代印刷设计与社会制度、经济、技术与文化发展的关联性。

（1）本书希望厘清并界定设计学研究领域中关于印刷设计的概念。目前在中国近现代印刷领域的相关研究中，从设计学角度展开的研究仍较为稀少。作者期望在梳理研究资料并形成论述思路的过程中，界定"印刷设计"的概念，明确研究对象的考察范围。

在印刷包装工程领域，印刷设计是一个具有明确指称内容的专业名词，主要指关于印刷技术的工程设计。在设计学视野下的印刷设计，是将印刷与设计结合考察的新概念，是指以印刷技术为物质载体或技术媒介所进行的设计活动与设计结果。在近现代这一特殊的历史时期之下，对印刷设计的讨论指向了出版印刷、广告包装和纺织印染等采用印刷技术来呈现的美术设计领域，近现代印刷设计的实践活动以书籍报刊、广告招贴和产品包装等作为主要设计对象。

（2）搭建中国近现代印刷设计体制的研究框架，勾勒中国近现代印刷设计体制的整体面貌与基本特征。印刷设计体制是本书需要去研究界定与梳理的另一个重要概念。设计体制指影响设计发生与发展的设计实体与设计制度的总和，印刷设计体制是观察印刷出版领域中的设计体制，考察影响出版物与各式印刷品所呈现面貌特征的诸多社会因素。思想与政治、社会、教育、出版、风俗、制度等诸多要素之间，呈现出互为因缘、交互依存的关系。由于印刷出版领域与中国最早的现代设计萌芽密切相关，对印刷设计体制的考察也是对中国近现代设计体制的典型案例分析。

作者尝试考察与出版印刷行业密切相关的3种不同类型的设计机构，它们代表了3个探究中国近现代印刷设计体制的不同角度。本书通过研究梳理3类不同的印刷设计机构的组织架构、特征属性与运作机制，来探索中国近现代这一特定的历史时期中印刷设计体制的特点。

本书聚焦的时间段在一百多年以来的近现代时期，将中国印刷技术的发展沿革置于世界史观的研究视野之下，从设计体制研究的角度来描述中国近现代印刷设计的基本面貌，从技术、体制与文化3个渐进的层次形成印刷设计的研究思路与相关结论。在形成基本预设观点的基础上，进一步拓展研究思路，以现代性的发生与发展为中国近现代印刷设计体制的研究线索，进一步完成中国近现代印刷设计史基本轮廓的梳理、特征描述与结论归纳等工作。

作者认为，在通过制度、技术、经济等层面对中国近现代印刷设计进行分析的同时，从文化层面进行印刷设计与视觉文化的关系研究，可能既是最困难的，也是最有趣的研究层面。中国近现代的文化工业与公共领域，都与近现代印刷设计有着密切的联系。在对中国近现代印刷设计发展特征与规律进行归纳总结时，进一步讨论印刷设计在何种程度上影响了设计趋势，以及这一特定历史时期的视觉文化如何通过印刷媒介加以传播和深化，如何对大众的思维观念、审美意识以及日常生活方式产生深层影响，在本书中均有所涉及，但也由于篇幅限制与个人思考深度的不足，仍有待进一步展开探讨。

二、研究的意义

本书对中国近现代印刷设计的研究与讨论，既是对印刷史研究内容的拓展，也是对设计史研究视角的拓展。

本书是中国印刷设计史研究的重要组成部分，拓展了以往印刷史研究的内容，传统的印刷史研究大多集中于书刊报纸的印刷与出版问题，而本书将关注点拓展至近现代时期的印刷技术、印刷物内容与价值评价、印刷设计的行为主体、实践活动与社会环境等内容，研究印刷技术因素对现代设计的诸多影响，中国现代平面设计的萌芽与兴起与近现代时期印刷设计的发展有着密切的联系。

从设计体制的研究角度，对中国近现代印刷设计组织与机构进行梳理与类型区分，这一举措在研究视角上有所创新。追溯中国近现代社会环境与印刷设计机构的萌生，了解不同类型的印刷设计机构的组织架构与运营管理机制，了解设计体制与设计成果之间的必然关联，充实中国印刷设计领域的研究成果。

从设计理论的层面上，思考设计与技术、体制与文化之间的关系。某一特定历史时期的印刷技术往往会在某种程度上限制设计的表现形式，而设计又在印刷技术的制约性中寻求发展；设计与体制之间的关系思考，则进一步可见在印刷设计领域对于中国近代设计的整体影响与带动作用；设计与文化之间的关系思考，使视觉文化研究的视野与设计研究的广泛性相融合，形成既丰富又深刻的印刷设计文化图景的理解与分析。

意大利史学家克罗齐曾说过："所有的历史都是当代史。"了解过去是为了更好地理解当下，中国近现代历史中的许多因素，在中国当下的社会生活中仍发挥着重要的影响。印刷技术在一百多年间发生了急剧的变化与转换，曾经富于革新意味的现代因素也融入了我们的历史传统。当今，世界各国传播信息的技术方式随着数字化、信息化与智能化时代的到来，产生飞跃式的发展。然而，在近现代这一特定历史时期中，印刷设计对中国社会的现代化与全球化进程的参与与影响，仍然值得深入讨论，它是对今天的出版传媒与视觉设计等领域有所启发的重要命题。

因此，我们有必要从世界文化史的角度，从中国发生现代文明转型与制度变革的社会发展语境中，对中国近现代的印刷设计进行定位，了解其设计体制，考察中国近现代印刷文化在中国现代设计历史发展进程中的影响与意义。并在此基础上，形成本课题研究的问题意识：近现代时期是中国从传统向现代转型的时代，印刷设计从哪些层面参与了中国社会的现代转型？印刷设计在中国的社会现代转型中起了什么样的作用？

第二节　　国内外研究综述

作者从印刷史、出版史、设计史、社会机构史等研究领域中展开资料搜寻工作，对与印刷设计相关的内容进行检索与梳理，形成国内外研究综述。当下学术界已有的印刷史、出版史资料与研究成果，中国现代设计史的相关研究，文化研究中关于文化工业、大众文化与视觉文化等领域的相关研究，为中国近现代印刷设计体制的认识与研究提供了新的角度与新的史料。

一、中国设计史领域的书籍设计研究

中国设计史的研究成果中与印刷领域相关的文献较为丰富，一类为书籍设计研究，如杨永德的《中国书籍装帧4000年艺术史》❶从书籍装帧设计的角度梳理中国几千年来的书籍设计；邱陵的《书籍装帧艺术简史》❷从社会文化思潮发展的角度来研究书籍装帧设计，以鲁迅、闻一多等文化名家的书籍设计为个案，总结不同类型书籍的设计特征；沈珉的《现代性的另一副面孔：晚清至民国的书刊形态研究》❸从现代性的角度，结合图像学的分析模式和文化史的阐释角度，研究晚清至民国时期中国上海地区书刊形态的变化，借鉴刘小枫对现代性晶体的论述与理论架构，来认识中国近代的书籍设计与书刊形态从传统向现代的转变；唐弢、姜德明、张泽贤等对于近代书衣的收集与研究，提供了关于中国近代书籍装帧设计的许多书影资料；上海档案馆、上海图书馆和中国国家图书馆等机构所收藏的有关民国时期新闻出版、广告、商标等内容的档案资料，均为印刷设计研究提供了重要的实物资料与背景知识。

对百年以来中国设计发生与发展进行长线观察的著作，如郭恩慈的《中国现代设计的诞生》以编年史方式梳理中国现代设计大事年表、陈瑞林的《中国现代艺术设计史》在对中国近现代设计的概述研究中涉及设计教育、工业发展、商业发展、国家政策等内容，对中国艺术设计的现代性历程描述中对书籍封面设计、商业美术招贴及宣传品等多个印刷媒介的设计种类有所述及，并形成富有启示意义的研究线索与结论。

在字体设计和版式设计等设计专题研究中，许多讨论都与印刷技术本身的发展与制约有着密切的关联，如周博的论文《字体家国——汉文正楷与现代中文字体设计中的民族国家意识》❹从民族国家意识构建的角度来梳理中国近代中文字体设计中的脉络与特征，赵健的《范式革命：中国现代书籍设计的发端（1862—1937）》从范式理论的角度谈中国书籍设计从传统向现代转型的核心问题。从设计研究中可以搜寻到诸多与印刷设计相关的机构研究、体制研究与设计师个案研究，对于印刷设计这一从印刷与设计领域交叉研究的新角度富有借鉴与参考作用。

---

❶ 杨永德，蒋洁：《中国书籍装帧4000年艺术史》，中国青年出版社，2013年。
❷ 邱陵：《书籍装帧艺术简史》，黑龙江人民出版社，1984年。
❸ 沈珉：《现代性的另一副面孔：晚清至民国的书刊形态研究》，中国书籍出版社，2015年。
❹ 周博：《字体家国——汉文正楷与现代中文字体设计中的民族国家意识》，《美术研究》，2013年。

二、中国印刷史与出版史研究

中国印刷史与出版史的文化关联性研究。当下印刷业界与出版学界对于中国印刷史与出版史的研究日趋多元，既有早期从图书馆学中延伸而来的图书版本与相关印刷技艺研究，也有从科技史的角度展开的印刷技术研究，如张秀民的《中国印刷史》、范慕韩主编的《中国印刷近代史初稿》等鸿篇巨著，以及张静庐辑注的《中国近代出版史料初编》、李明杰的《中国出版史》等，诸多研究勾勒出中国印刷史与出版史的概貌，提供认识中国印刷与出版行业发展的基本观点与知识结构。随着文化研究的逐步深入，印刷界的印刷文化研究与出版界的出版文化研究均为本领域提供了新的研究视角与研究方法，而对印刷与出版文化研究的新角度也有越来越多的探讨方向，比如从设计发展的角度来理解与把握印刷设计，聚焦于特定历史时期的印刷设计成果与设计水平，结合社会经济文化背景对中国印刷行业与出版行业进行整体性的考察，进一步探讨印刷出版活动中的文化关联性。

三、文化研究领域的印刷与出版研究

在大众文化与视觉文化的相关研究中，很多学者对印刷工业与印刷文化的关注与论述均给印刷设计研究提供了理论支持，国内学者如陆扬、王毅选编的《大众文化研究》、陈永国主编的《视觉文化研究读本》、周宪的《视觉文化的转向》等，梳理了文化研究中大众文化研究与视觉文化研究与印刷文化、印刷工业相关的理论思考与结论演进，《印刷文化中的现代性话语——为什么阿多诺要批判现代文化工业》一书则从现代与后现代分界来理解具有现代文化工业特征的印刷文化与印刷工业。随着业内研究与思考的深入，为中国近现代印刷设计的认识与研究提供了新的角度。

许多学者研究印刷媒介对社会变迁与发展所起的塑造作用，爱森斯坦的《作为一种变革动因的印刷出版》一书从印刷媒介的角度思考15世纪传播方式变革以后的印刷出版对社会文化的历史影响。英国历史学家彼得·伯克与美国历史学家达恩顿都选择通过研究印刷媒介来探讨知识、文化、社会等要素及各要素之间的相互关系，从印刷媒介出发，研究法国从旧制度转向大革命的社会文化变迁。达恩顿还提出了社会书籍史研究模型，将印刷设计置于社会技术与经济文化的发展脉络中予以定位与评价，这对本书研究思路的形成很有启发。李欧梵在《上海摩登》一书中，通过对《东方杂志》《良友》等个案的分析，探讨印刷文化与现代性的建构问题。对现代性的探讨是中国现代设计萌生与发展过程中的重要议题，印刷文化与现代性的关联研究，为设计现代性研究提供了分析的样本，也为印刷设计体制研究提供了研究模型与思路借鉴。

第三节　研究方法

一、文献研究方法

本书在展开研究的初期阶段需涉猎广泛而庞杂的一手资料，搜集整理中国近现代印刷技术史、机构史、风格史和文化史等方面的档案资料，在文献梳理与分析归纳的基础上形成对印刷、出版与设计的调研综述。

二、口述史研究方法

口述史研究是与文献研究相互补充的一种研究方法。由于现存的大部分文献研究成果，都着眼于对近百年来中国印刷文化发展线索的局部轮廓描述或整体面貌勾勒，相对缺乏生动的历史细节与人物的个体经验。因此，利用口述史访谈与调研，通过直接与亲历印刷设计活动的设计师、管理者、工程师、技术人员等人的访谈沟通，并将访谈所获得的一手材料与文献资料之间进行相互印证、相互补充，从而形成具有更丰富的研究角度与更多维的研究思路。

三、与文化批评相结合的历史研究

在对印刷设计史的具体历史人物与设计事件进行梳理的过程中，要具备严谨与细致的态度；在对特定历史阶段的印刷设计面貌进行归纳与分析，或者对某一个类型的印刷设计机构进行剖析与定位时，又不得不转向文化批评与价值判断。因此，形成具有文化批评意识的印刷设计历史研究与写作方式，是本书开展过程中思考的重要向度。

四、还原历史语境的个案分析

由于印刷设计涉及的面向极为丰富且门类繁多，近现代历史时期的印刷出版组织、机构、人物及其相关成果多如牛毛，选取具有代表性的研究对象进行分析便成为重要的研究手段。一方面，选取具有影响力的出版机构和商业美术机构作为研究个案，并筛选出具有典型性的出版物与商业美术作品进行分析阐述。另一方面，试图勾勒在中国社会发展变迁背景下的近现代印刷设计概貌，实现点面结合的综合研究。

第四节　研究内容与研究框架

本书以上海与北京两地的印刷出版组织与机构为主要考察对象，不仅关注其出版活动与设计成果，还注重考察出版机构的组织架构与运营管理，在近代中国不断更迭演进的社会变革背景之下研究印刷设计体制的发展与沿革。

本书所选取的主要历史时间段落为中国近现代时期，历史上习惯将自1840年鸦片战争以来，直到1949年中华人民共和国成立这一百多年的历史进程称为中国的近现代史时期。一百多年中，中国的社会经济、文化、技术与制度等各方面都发生了巨大变革。

在对中国近现代这一特定历史时期的社会背景与印刷设计成果进行初步的了解之后，对印刷设计体制的研究内容形成框架性的认识。印刷设计体制研究包括以下4个关键的版块，分别为印刷设计组织与机构、社会环境因素、印刷设计成果和社会接受因素，如图1-1所示。

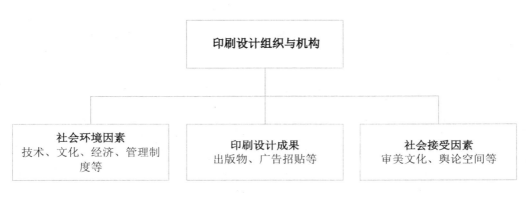

图1-1　印刷设计体制研究框架图

本书先对特定历史与社会背景下的印刷设计的概念与研究范围进行界定，通过考察3种不同类型的出版印刷设计组织机构，了解设计师个人或团体的实践经验，梳理出版物、广告招贴等印刷设计成果，了解印刷设计的概貌与特征，进一步探讨中国近现代印刷设计体制的发展历程。

一、印刷设计组织与机构

中国近现代印刷设计组织与机构是印刷设计的实践主体，也是设计体制研究的主体构造。从事印刷设计的独立设计师与设计师团体作为设计活动的行为主体，他们与设计机构、设计行为与设计成果之间形成设计机制，社会诸多因素作用于设计机制所形成的影响与反馈，均与设计师自身的知识结构与行为动机密切相关。了解印刷设计执行者的主体意识，从设计师的角度来考察设计主体在设计活动与设计面貌形成的过程中的主导作用。

在中国近现代社会语境中，3种不同类型的印刷设计组织与机构，构成了设计主体研究的核心内容，也成为本书组织框架的重要节点。第一类为大型出版机构中的设计组织与机构，第二类为独立设计师参与小型出版机构的印刷设计实践，第三类为商业美术领域中的独立设计师与广告设计机构。本书除了对出版机构与同业组织，编辑团体的工作流程与管理规约作一般性分析之外，还对3种不同的组织机构形成3种不同的考察维度，将在每一章中分别细述。

二、社会环境因素

社会环境因素，主要选取对印刷设计具有关键影响的社会因素，包括了对技术、文化、经济、管理制度等因素的考察，印刷技术的发展、社会文化的变迁、社会经济的推动、社会管理制度的影响与制约，它们在不同层面上支撑或影响着现代设计的发生与发展，构成了印刷设计实践的具体社会环境，对设计主体的印刷设计实践活动产生了重要影响。

（1）在技术层面，以印刷技术为起点，研究西方"新"式印刷技术的传入所引起的设计革新，探讨印刷、包装、摄影等相关技术对于设计的影响与制约，设计对于技术革新的应用实验与开拓创新，以及现代设计对于技术局限性的适应与调整。

（2）在文化层面，一百多年来的书刊出版物、包装造型及广告宣传材料，在形式与内容上均发生了急剧的转变，在印刷、摄影、包装等技术变革与社会文化观念更迭的过程中，新的视觉文化迅速形成。本书通过探讨中国近现代印刷设计的发展与视觉文化的关联性，印刷出版与商业包装对社会公共舆论空间的构建作用，从视觉文化与公共空间建构的角度来反映设计革新对于社会观念与生活方式的塑造与影响。

（3）在经济层面，诸多印刷设计机构所在的城市——上海，在城市的都市化进程中，西方商品曾一度覆盖中国市场，民族资本与民族实业在与外来侵略势力紧张交锋的经济与政治关系中，力争发展而迎来短暂的黄金期。攫升状态的城市经济与产业发展，总是会召唤与之相适应的文化消费需求，印刷设计受中国近现代经济因素的制约与引导而形成独特的面貌与运作机制。

（4）在社会管理制度层面，中国在近现代历史时期经历了社会制度层面的震荡与变动，以上海为代表的城市文明在发展繁荣背后，是社会管理制度、人口结构更新等复杂多元的制度因素在起重要影响作用。社会管理制度同时也代表各级政府机构对文化活动与商业活动的管理水平，尤其是对商业美术、新闻出版等领域的管理制度，在不同社会时期与地域中，有着对印刷出版、商业美术与新闻传播等内容的不同管理规定与相关限制，制度管理因素是社会环境因素的一个重要考察对象。

三、印刷设计成果

印刷设计成果由设计主体实践完成，其所呈现的内容既受特定社会环境因素的影响与制约，又在社会大众中产生文化影响与相应评价。印刷设计活动与出版活动、广告宣传、商业包装等活动密不可分。本书在数量众多的出版物与商业美术作品中，选取具有代表性的报刊出版物、广告招贴、实物包装为核心观测对象，并注重对研究方法的探讨。

印刷设计成果关注的内容除了常规的书籍和报刊杂志等，还包括单张印刷品、插图、货币等以印刷作为技术手段的各式各样的设计内容与设计形式。因此应当在更为广阔的社会与文化语境之中来理解印刷媒介；印刷设计的研究角度则着重于在社会历史发展的宏观背景中考察印刷技术的发展、印刷教育的开展、印刷行业的集结与规模、印刷品呈现的面貌与风格、印刷出版物的传播效果及影响等综合社会因素。

四、社会接受因素

社会接受因素是印刷设计体制的一个重要环节，是印刷设计与社会环境产生关联与对接的重要部分。了解印刷设计行为与成果的社会接受与大众回应，从传播学的角度讨论印刷媒介所带来的信息传播效果；从社会学的角度讨论印刷设计的社会接受。"新文化运动""国货运动"等相关印刷出版物，刺激了民族实业与商业宣传的发展，城市居民的日常生活、思维方式与消费文化都在这一过程中逐渐走向现代。

总体来说，本书在完成中国近现代印刷设计研究综述的基础上，进一步将不同层次的知识与观点重新组合，并在研究框架与观点预设中进一步展开论述，探讨在操作层面与理论研究方面的可行性。本书结合印刷设计领域的特殊性，形成具体的印刷设计体制研究框架，围绕印刷设计组织与机构、社会环境因素、印刷设计成果与社会接受因素4个要素来展开探讨印刷设计的发展。

第五节　研究的重点、难点与创新点

本书研究的重点在于界定并厘清印刷设计的概念。印刷设计是指以印刷技术为载体，实现一定的功能与设计效益的设计品，是对设计思维、设计过程与设计结果的呈现。在厘清基本概念的基础上，进一步探讨在印刷领域的设计体制的研究框架。

苏联美学家巴赫金提出文学研究的结构性方法论，指出"四个逐级扩大的环节：文学作品—文学环境—意识形态环境—社会经济环境"[1]，这样的研究结构与方法也适用于印刷设计体制研究框架的建立，印刷设计的成果只是印刷设计研究考察中的一个关键因素，设计所选用的材料、风格、样式、趣味及文脉等因素，与设计环境中的市场、经济、文化、信息等因素；设计主体的设计师、设计机构和印刷机构等因素；以及社会的设计评价与反馈等因素；各因素之间并无清晰的边界，而是以错综复杂的关系相互连接，因此关于近代印刷设计的研究，不仅应关注印刷设计的成果本身，还应注意到与印刷设计密切相关的诸多中间环节，搜集并整理印刷设计机构的相关材料，了解其所处的社会历史语境，结合环境、主体、成果与社会接受因素，形成对于印刷设计体制的综合论述。

[1] 周宪：《视觉文化的转向》，北京大学出版社，2008年，第32页。

本书的难点之一在于将印刷设计置于综合性的视觉文化研究视野之中，从印刷文化向视觉文化转变的角度来研究中国近现代印刷设计的发展与革新，理解印刷、装帧、摄影等相关技术对于以图像信息传播为主体的视觉文化在构建过程中所起的促进或者制约关系。本书的难点之二在于本书选取设计体制研究为角度，这在印刷设计领域之前的研究中并无先例，因此如何进行分类、归纳，选取具有代表性的设计机构作为案例，进行定性描述与价值评价的过程，既需要充分的资料积垫，又需要判断力，是对自身研究能力的一种挑战。

本书的创新之处在于将设计师、设计组织机构、设计成果与社会环境因素、社会的设计接受等因素之间的连接作为相辅相成的因素，这在对中国近现代印刷设计的体制观察中具有重要意义。设计师作为设计主体并不是独立存在的，而是依存于特定的社会环境背景，从设计师的角度出发来研究印刷设计的设计体制，通过对印刷设计领域的相关设计师、设计机构、设计行为与设计成果之间的设计机制的研究，以及设计机构与社会对于设计的评价机制之间的研究来形成印刷设计体制研究，通过设计师、设计组织和机构这一个个关键节点来拎动整张中国近现代印刷设计的社会大网，评价设计师、设计组织活动与设计成果在中国近现代整体设计生态中的关系、地位、影响和作用，期望能够以"小见大地"的方式完成对中国近现代印刷设计的初步考察。

第六节　研究思路与研究层次

本书的主要内容是以印刷史研究与设计史研究相互交叉与融合为主的综合性研究，跨学科的研究在边界上是开放的，研究所涉及的内容多元而广泛。本书针对印刷设计体制研究本身的特殊性来设定研究框架，形成在层次上逐步递进的研究思路。

本书从体制、技术与文化3个层面来研究印刷设计。首先，中国近现代印刷技术的发展是印刷设计呈现与发展的前提，设计既受到技术的促进也受到技术的制约；其次，设计体制研究侧重于对从事印刷设计的设计师进行考察与研究，从一百多年来从事与印刷设计相关行业的设计师、设计机构、设计行为与设计成果的角度来理解整个印刷设计的业态；最后，从文化研究的层面对中国近现代印刷设计在全球化视野之下进行价值定位。

一、印刷设计与中国本土设计体制的萌芽

在中国现代设计诞生的过程中，逐步形成了与中国近代技术、文化、经济和制度环境相适应的设计体制。从中国本土设计体制的发生与早期发展的角度，来探讨中国近现代印刷设计的发展对于设计师、设计机构的影响及能力的发挥，以群体研究与个案研究的形式，来讨论在印刷设计发展过程中逐步形成的现代设计体制。

西方"新式"的、现代的印刷技术（与传统雕版印刷技术相区别）的传入对中国现代设计的发生与发展起到了重要的促进作用。在中国，西方先进印刷技术的传入与中国本土印刷人才的培养是同时进行的，印刷技术人才同时也是美术人才，这对印刷设计的发展有很大的促进作用，近现代印刷技术的发展与中国早期工商业美术的发展之间是既相互促进又相互制约的辩证关系，中国近现代设计体制的"填补性"特征与印刷设计本身的特点与制约性之间可以形成许多有意义的探讨。

20世纪初期，中国便出现了现代意义上的设计机构，其中既有独立的设计机构，又有驻厂的设计机构，这些机构在时间上几乎与西方同步，如商务印书馆的图画部、杭穉英的穉英画室、陈之佛的尚美图案馆、庞熏琹的大熊工商美术社、郎静山的静山广告社、华商广告公司的图画部、联合广告公司的图画部、三友实业社的门市部、英美烟草公司的广告部等，这些命名为画室、广告社、图画部的设计机构所从事的商业美术活动与中国近代印刷设计形成了紧密的关联性，设计师的设计活动既受特定历史条件的印刷技术的限制，同时在技术限制与技术更新的过程中，设计师的主动性又得到了充分的刺激与发挥，从而完成了多项印刷设计的革新。

二、中国近现代印刷技术发展与设计革新

在近代中国国门逐渐打开的过程之中，西方"新式"印刷技术传入中国，中国在传统印刷技术备受冲击的同时，西方现代印刷技术的接受、应用、本地化改良与革新也迅速发生。通过典型案例的资料搜集，描述中国近现代印刷设计的基本面貌，选取一部分具有代表性的书刊、画报、月份牌、香烟牌子以及产品包装等印刷物作为研究对象，归纳印刷设计的特征与规律，总结中国近现代印刷技术发展的过程中对于设计革新的促进与制约关系，完成中国近现代印刷设计的研究概述。

一个时代的设计风格与特征在某种程度上受到特定技术水平的影响与制约，对于商业美术这种与制造加工技术密切结合的设计活动而言，生产制作技术水平的发展程度决定了美术设计产品的质量与形态，与加工制作密切相关的技术因素与工艺手段对作品所呈现的面貌产生很大的影响。19世纪末20世纪初，上海的印刷、装订、摄影等与印刷设计相关的技术得以快速发展，使中国近现代印刷设计更具丰富多样性。

　　作为工业革命的经济成就与文化成果，以机器印刷为主要特征的出版传播媒介是社会生产力的一个重要方面。中国近现代的出版业与商业美术都随着西方现代印刷技术的传入而出现相应的变化，凸版印刷技术（如铅印活字、照相铜锌版印刷等）、平版印刷技术（如石版印刷、珂罗版印刷和胶版印刷等）、凹版印刷技术（如影写版印刷技术）陆续传入中国，印刷技术革新刺激了书刊画报、月份牌广告招贴等以印刷为技术媒介品的出版物与商业美术品的产生，使印刷设计的面貌逐步丰富与生动起来。

三、印刷设计与视觉文化的关联性研究

　　如果说传统印刷术对文本的传播使视觉在日常生活中的重要性下降，通过印刷媒介实现从视觉感官的直观认识向符号化的意义传达进行转换，那么，随着印刷技术本身的发展，图像印刷的技术越来越发达，在摄影、电影等新兴影视媒介的刺激下，印刷文化也从纯粹的符号化意义传达重新返归自原始时代以来的读图习惯，在近现代的视觉文化大观中，形成了自身独特的面貌，与其他视觉媒介形成互动关系。

　　在电影美学家巴拉兹等学者的概念中，"印刷文化"是与"视觉文化"相对立的概念，是以语言为核心的"概念文化"。然而，印刷媒介在促成以图像作为文化主因的文化形态的过程中，扮演着自身重要的角色，在世界被"把握为图像"（海德格尔）的过程中具有过渡媒介的重要作用。印刷设计的宣传单、广告招贴、书刊封面、插图、摄影以及新兴的电影等视觉资料与媒介技术，通过视觉途径去接收图像信息从而形成一个文化场域。

　　图像作为印刷设计中的一个重要内容和因素，作为有内容的形式，不仅创造了一个时代的审美风格与阅读习惯，也在形成一种视觉观念，一种独特的审美文化形态。印刷技术的进步，从图像传播的实现手段上来说，也有很大的促进。

因此，在完成中国近现代印刷技术与印刷设计体制的考察研究之上，有必要从视觉文化研究的层面来研究中国近现代印刷设计的发展与革新。从视觉文化转向的角度来研究中国近现代印刷设计的发展与革新，印刷的图像在促进新的社会结构生成的过程中起促进作用，通过印刷媒介所提供的视觉经验对社会起建构作用，以印刷为媒介，通过视觉途径进行信息接收与读取的印刷设计作品在某种程度参与了民族与国家概念的塑造、大众审美心理的引导与迎合、公共领域的构建、现代观念与生活方式的传播改造等各方面，参与了社会文化的形成与发展。

　　实际上，技术、体制与文化三者之间并不可能全然分割开来，这些重要因素以及其他因素所形成的合力影响了印刷设计的面貌与发展趋势。因此，如何在具体的文字论述中将几个层次的论述结合起来，这是写作过程中需要进一步思考与实践的问题。最终，对于印刷设计的关注点与特征分析，应置于整体社会生活方式的考察之中，将技术与需求、风格与突变、出版印刷机构的地方分支与特定组织方式、文化与商业影响等各个层次的分析有机整合到中国近现代印刷设计研究这一命题之中。

第二章

‖ 中国印刷设计的现代萌芽

第一节 东西方交流中的印刷设计革新

15世纪中期，德国工匠古登堡发明了印刷机与金属活字印刷术，并于1455年使用手摇印刷机印刷了300本《圣经》[1]，这一印刷史上的标志性事件成为西方现代印刷技术的开端。西方金属活字印刷术的发明与改进，加速了西方文艺复兴时期的文化传播。1473年，英国出现了第一个出版商——威廉·凯克斯顿。近三百年后，当18世纪初西方耶稣会传教士侍奉于清王朝时，便将属于凹版印刷的铜版蚀刻技术传入中国，而凸版与平版印刷技术在19世纪初由新教传教士马礼逊最先经由澳门传入中国。在此之后，西方的印刷技师发明并改进了凹版、凸版和平版印刷技术，促进了欧洲的出版与商业宣传活动，这些印刷技术也陆续传入中国，影响了中国近现代印刷出版的面貌。

1807年，马礼逊（1782—1834年）受英国伦敦会派遣来到中国，这是第一位来中国传播英国基督教新教的传教士，他的任务是学习中文，编纂字典并完成《圣经》的中文翻译。马礼逊因来华传教而开始探索如何使用西方铅活字技术来实现汉字的活字印刷工艺，开启了近现代西方印刷技术传入中国并在社会上大规模传播与应用的历程。

1914年东印度公司成立澳门印刷所，辅助马礼逊编纂中英文双语字典的印刷事务，这成为了中国境内第一个采用西方印刷技术的现代印刷机构。西方传教人员的中文雕版印刷屡屡受中国当地政府的干涉与毁禁，再加上中英文混排的版面处理难度大，探索中文活字印刷经历了摸索与革新的漫长过程。马礼逊、汤姆司与他们合作的中国刻工一起，探索早期中文现代印刷方式与排版形式，形成了具有现代意味的印刷出版管理与运作机制。

传媒领域的研究学者认为马礼逊是在中国运用文字作为传教方式的创始者，对中国近代报刊的发展具有重要的促进作用，在引进西方新闻报刊形式与先进印刷技术的同时，也引进了出版自由理念与报刊管理运营制度。[1]

---

[1] 陈楠：《汉字的诱惑》，湖北美术出版社，2014年，第116页。
[1] 邓绍根，王蒙：《开疆拓土：马礼逊与岭南近代报刊的兴起》，《岭南传媒探索》，2017年第1期。

15

从设计学的角度来看，马礼逊对中国近代印刷设计也起到重要的推动作用，他创建了中国最早的具有现代意义的印刷设计机构，引进西方先进的印刷技术，探索中文铅活字的应用，开创了近代中文报刊的版式，并且还创造性地成为探索中英文混排的先例。

东印度公司澳门印刷所则是马礼逊在中国进行出版印刷事务的辅助与执行机构，该机构的建立揭开了中国近现代出版事业的序幕，预示着中国近现代印刷设计体制的开端。到了19世纪末20世纪初，随着海外传教与商业活动的普及，中国的出版印刷事业蓬勃发展起来，成为中国现代设计发生与发展的重要土壤。

第二节　东印度公司澳门印刷所与《华英字典》

1600年成立的东印度公司是英国进行海外殖民、经济侵略与贸易垄断的商业机构。客观来讲，该机构在中西文化交流方面也起到重要的促进作用。1800年，英属东印度总督在加尔各答建立有"东方牛津"之称的威廉堡学院，传教士马士曼与澳门亚美尼亚人拉沙合作翻译《旧约全书》与《新约全书》，1822年完成世界上第一本正式出版的汉译书《圣经》。❶1814年，东印度公司在中国澳门成立印刷所（The Honorable East India Company's Press），以支持马礼逊《华英字典》的编撰与出版。

研究马礼逊与中文印刷出版的台湾专家苏精将澳门印刷所大致分为两个时期：前期为1814—1824年，以支持《华英字典》的出版为主要事务，这是印刷所的活跃期，印刷所的大部分出版印刷活动均发生在这一时期；后期为1825—1834年，是印刷所的衰退期，在《华英字典》出版完成后，东印度公司广州办事处对澳门印刷所的资助减少，在同类型印刷机构逐渐发展起来的时代处境中，印刷所衰落关闭。

澳门印刷所的创办对中国近现代印刷设计起了重要的促进作用，它是中国最早具有现代意义的出版机构，在出版运营方面做出许多基础性的尝试，促进了中国近代印刷文化的发展；同时该机构又解决了中英文活字字体刻铸问题，以及中英文混合排版的版式控制问题❷，作为"19世纪早期中国语言、文学和文化海外传播的重要推手。"❸在编辑、设计、出版和印刷方面均有其开创性。

---
❶❷ 谭树林：《英国东印度公司与中西文化交流——以在华出版活动为中心》，《江苏社会科学》，2008年。
❸ 钱灵杰，操萍：《澳门印刷所与19世纪早期中国典籍英译出版》，《重庆交通大学学报》（社会科学版），2016年12月。

一、创办缘由与出版事务

1807年，马礼逊受英国伦敦会派遣来到中国广州。鸦片战争之前，中国政府严禁西方传教士进行出版传播，禁止中国人为传教士刻印书籍，还禁止中国人向外国人教授中文。因此，传教士只能以秘密的方式印刷宗教宣传品和学习中国语言。从1808年上半年开始，马礼逊同时进行着学中文、编纂字典和翻译圣经三项工作[1]，为字典的编纂出版做准备，他偷偷聘请中国人教其官话与广东话，几经辗转，过程艰辛。

当时英国出版界尚无印刷中英文混排书籍的经验，因此东印度公司便从英国向中国派遣刻工，运送印刷机器，开始在中国本土进行印刷探索工作。1813年，英国伦敦会传教士米怜到澳门协助马礼逊，后又潜入广州，不久后被驱逐，转往马来半岛后定居于马六甲，创立英华书院与印刷所。1814年，东印度公司雇佣熟悉铅印技术的伦敦刻工汤姆司带着印刷设备来到中国，协助马礼逊编纂出版《华英字典》，在澳门建立东印度公司澳门印刷所。

马礼逊来华与澳门印刷所的筹建过程，勾勒出19世纪初中国日益卷入以西方为主导的全球化进程的一个缩影，而这也是中国现代设计发生的国际背景。欧美各国不同团体的利益交织，促成了澳门印刷所这一机构的建立。英国东印度公司总部寄希望于马礼逊编纂中英文字典以促进商业贸易，又担心中国传教的事项与活动有损商业利益而明确禁止宗教活动。马礼逊在加入东印度公司不久之后曾感慨："与其说公司董事会同意我的任职，不如说是勉强同意忍受我的存在。"支持马礼逊的字典出版事务，是东印度公司驻广州办事处的努力成果。[3]《华英字典》的编撰从长远的角度来看，与英国的国家利益与东印度公司的商业利益密切相关。英国东印刷公司驻广州办事处大班刺佛及继任者益花臣出资赞助字典出版，期望为西方人学习中文提供帮助，从而促进东印刷公司的对华贸易。[5]东印刷公司在近8年中为《华英字典》的出版提供了高达10440英镑的赞助。[4]《华英字典》出版后在西方学术界引起极大的轰动，带动了传教士编纂汉英字典的热潮。

除了字典编纂之外，马礼逊对文化与宗教的热衷体现于其活跃的出版事务之中。马礼逊于1815年在马六甲创办的《察世俗每月统记传》是世界上第一份中文近代报刊，也是第一份以中国和中文读者为受众的报刊，揭

❶ 苏精：《马礼逊与中文印刷出版》，学生书局，2000年，第82页。
❸ 苏精：《马礼逊与中文印刷出版》，学生书局，2000年，第84页。
❸ 谭树林：《传教士与中西文化交流》，生活·读书·新知三联书店，2013年，第290页。
❹ 苏精：《马礼逊与中文印刷出版》，学生书局，2000年，第93页。

开近现代中文印刷出版的序幕。在中国刻工梁发与蔡高的配合下，马礼逊于1819年在马六甲印刷第一部汉字铅活字本《新旧约圣经》。❶

东印度公司总部对澳门印刷所的出版内容有较严格的控制，除了字典之外，"不准印刷任何传教书刊，但是如果有空当，则无妨印一些'有用的'出版品，例如语言、历史、风俗艺术、科学等，足以增进欧洲了解中国的图书。"这些出版物面向的市场人群是对中国有兴趣或有了解需求的英语读者，降低英国人学习中文的难度，促进英国人对中国的了解。因此，该机构主要有三类题材的书籍出版，第一类为字典和工具书的译介，第二类为通俗文学作品的译介，第三类为官府文件的译介。❷澳门印刷所一共出版和代印了19种书籍与报刊，并且随时印刷东印度公司需要的文件。《蜜蜂华报》给中国报刊业提供了参照模板，这份报纸具备现代报刊的基本体例，在编辑、排版、栏目设置方面均对后来出版的报纸有借鉴与启示作用。❸

1826年，由马礼逊最早将石版印刷传入中国。后来，马礼逊向英国订购英式活字印刷机，连同他之前自购的石版印刷机，成立马家英式印刷所（The Morrison's Albion Press），并于1833年创办《传教者与中国杂报》。❹并由3个基督徒助手，梁发、朱先生与屈亚昂派发宣传品。❺

马礼逊与他的中文译介与出版事业"对于增进19世纪西方国家对于中国的知识与态度，不论是了解、同情、歧视或野心，都产生相当的作用。"❻香港开埠后，最早的报纸《香港公报》与《中国之友报》均由马礼逊之子马儒翰开办。❼

二、《华英字典》：中文活字与中英文混合排版探索

《华英字典》是澳门印刷所成立后的主要出版任务。马礼逊将当时中国人使用的"新而无所不包"的《康熙字典》翻译成英文。1814年，汤姆司带着印刷机械来华，不包括纸张，因董事会相信中国当地

❶ 张秀民在《中国印刷史》一书中谈及马礼逊的《新旧约圣经》可能仍由传统雕版刻成，并非全由活字印行。
❷ 钱灵杰，操萍：《澳门印刷所与19世纪早期中国典籍英译出版》，《重庆交通大学学报》（社会科学版），2016年12月。
❸ 谭树林：《英国东印度公司与澳门》，广东人民出版社，2010年，第203页。
❹ 苏精：《马礼逊与中文印刷出版》，学生书局，2000年，第104页。
❺ 谭树林：《英国东印度公司与澳门》，广东人民出版社，2010年，第201页。
❻ 苏精：《马礼逊与中文印刷出版》，学生书局，2000年，第80页。
❼ 谭树林：《英国东印度公司与澳门》，广东人民出版社，2010年，第206页。

会有更好的纸张。公司规定他们的印刷工作只准在澳门进行，不准印传教书刊，以防有损东印度公司的商业利益。❶

马礼逊于1815—1823年间在澳门出版了6卷本的《华英字典》，分为3个部分：第一部分为以部首排列的中文汉字配以英文译文的《字典》共3卷本；第二部分按中文音序排列的中文汉字配以英文译文的《五车韵府》共2卷本；第三部分为英语单词配以中文译名的《英汉字典》，全书共4836页，共印制600册，由东印度公司出版。❷

语言与文字是世界不同文化之间交流的重要桥梁。《华英字典》在对汉字进行对照英文释义的过程中，也向西方传播了中国的文化、地理、宗教、风俗、礼仪、政治等内容，成为西方社会了解中国的钥匙。《华英字典》既是19世纪早期中国语言、文学和文化进行海外传播的重要推手，也反映了汉字印刷从传统木版雕刻印刷技术向近现代铅活字印刷技术过渡的早期探索，并在中英文混合排版的版式处理上具有重要的开创性。

（一）中文铅活字的试制

在印制《华英字典》的过程中，由于传统的中国雕版印刷不适用于笔画细小弯曲的英文印刷，木刻雕版也无法与铅字拼接，汤姆司经过多次探索与试验，试制出中国境内第一批中文铅活字❸，但这一时期的铅活字印刷技术仍处于探索期，采用手工雕刻铅活字的形式。

《华英字典》中，中文的字头使用手工雕刻的木活字，正文则采用手工雕刻的铅活字。汤姆司制成铸模用以制造活字柱体，再由中国刻工在柱体上手工雕刻了大量铅字，完成中国境内最早的成套铅活字。然而，这一批铅活字并没有得到重复利用，而是雇佣中国刻工采用随用随刻的方式，需要用什么字便刻什么字，先刻一批字，再将这一批字交给拼版工人，拼版工人可能是洋人，接近于作坊式的生产，由于铅字尚未实现重复利用，因此也没有手工拣字与印刷后还字的工序。

以马礼逊的汉字铅活字的试制为开端，西方也掀起了研究汉字活字印刷的热潮，而《华英字典》则开启了来华新教传教士编纂汉英字典的风气，鸦片战争之后，西方近代的铅印、石印技术更广泛地输入中国，书籍报刊的出版印刷大量增加。

---

❶ 苏精：《马礼逊与中文印刷出版》，学生书局，2000年，第89页。
❷ 汪家熔：《试析马礼逊〈中国语文词典〉的活字排印——兼与张秀民、叶再生先生商榷》，《北京印刷学院学报》，1996年12月。
❸ 谭树林：《英国东印度公司与中西文化交流——以在华出版活动为中心》，《江苏社会科学》，2008年8月。

（二）中英文的混合排版

《华英字典》在版面处理上有重要的开创性。一方面，改变了中国传统的排版与阅读顺序，借鉴英文字典惯常使用的排版方式，留出天头地脚，分成两栏，根据英文阅读顺序采用横向版式，自左至右地排列文字，这为后来图书的中英文混排方式提供了借鉴。另一方面，该字典在中英文混排的版面技术上也有所突破，通过雕刻中文字模植于西式版面之中，从而实现将中英文并置于同一个版面进行印刷。字典采用西式装订的方法，形成了最早的洋装书的视觉版式与装帧方式。

这部需用木活字与铅活字，采用中英文混排的大型工具书，体现了为解决早期中英文版面所面临诸多问题时的创造性设计思维与方法，具有开创性的意义；在中文排版上，为适应英文混排而采用了从左至右的横排方式；《华英字典》在中英文混排版面上的尝试，对于后续的铅活字印刷物的版式设计具有重要的借鉴意义。东印度公司澳门印制所印制的以《华英字典》为首的出版物，其目标客户群体为欧美读者，客观上对于传播中国的文化与知识起到了促进作用。

（三）现代出版管理运营的雏形

东印度公司澳门印刷所是欧美机构在中国建立的第一个印刷所，它在将西方印刷技术带入中国并探索中文现代印刷技术的同时，也将西方的现代出版管理机制引入中国，促进了中国出版业的现代化。

印刷所在澳门享有其他机构并不具备的出版特权。学者白乐嘉指出："由于英国东印度公司印刷所的出版活动，葡萄牙人的出版法令与审查制度均无法执行了。"紧随东印度公司之后出现的其他英美印刷商在澳门也没有享受不受葡萄牙人的禁止印刷法令和审查制度制约之特权。[1]但是，尽管在葡萄牙国家政令上有一定的特权，印刷所的出版活动仍受中国官方的干涉与毁禁。1817年，中国官府的搜捕使中国华工四散逃离[2]，印刷所的印刷活动一度中断，后又雇佣葡萄牙工人继续工作。

1. 形成中国早期出版机构内人员职权的基本制度

东印度公司广州办事处给马礼逊、汤姆司以及中国雇工提供赖以生存的

---

❶ 谭树林：《英国东印度公司与澳门》，广东人民出版社，2010年，第197页。
❷ 苏精：《马礼逊与中文印刷出版》，学生书局，2000年，第95页。

薪水，以保证印刷所的正常运行，按照东印度公司的薪酬规定，形成早期出版机构的薪酬层级，不同工作内容的人员薪资差异较大，具体收入与所从事工作内容有很大的关联。

1809年，大班刺佛任命马礼逊为广州办事处的翻译官，每年薪水500英镑，远高于马礼逊原来200英镑的传教士年薪，原来200英镑的年薪不足以支付他在中国生活的日常开支，翻译官的收入使其生活大有改善。[1]1812年，办事处又聘马礼逊为中文秘书，教办事处的职员学中文，年薪1000英镑。[2]汤姆司与东印度公司签署的是工作契约，并非办事处的常任职员，在华10年的年薪始终是1250英镑，这与薪水逐步上调并有分红的职员无法相比，身份相对较低。[3]印刷所在办事处之外另设房屋，同时印刷所也作为汤姆司的住所。[4]

斯当东[5]在印刷所刚成立时兼管该机构。1816年，办事处派两人组织"印刷所委员会"，管理印刷所的财务、业务与人事。汤姆司的职权为负责印刷技术与管理工匠，但请购零件等涉及财务花费的事项则需委员会讨论决策。[6]1820年，两位理事拟定一份印刷所规定，对汤姆司形成了严重制约。[7]

1923年，东印度公司董事会通知广州办事处，字典印刷事务一旦完工，就应立即结束澳门印刷所，解雇汤姆司。但汤姆司为印刷自己的作品申请多居留中国一年时间。1924年，汤姆司在澳门排印自己的作品《花笺》，经过近10年的时间，他由一个全然不懂中文的英国人，成为创制中文印刷活字的专家和了解中国语言文化的汉学家。汤姆司于1825年离开中国，后在英国伦敦开设印刷所。[8]

2. 培养了中国本土的第一批中文活字印刷技术工人

澳门印刷所从活字铸刻到印刷流程，雇佣了许多中国工匠，1816年，有6个中国工匠受印刷所雇佣。[9]在受到中国官府的毁禁后，转向雇佣葡萄牙人。葡萄牙工人与华工同样薪酬，月薪8元，1816年提薪为12元，1817年之后，增加雇葡萄牙人5人，两人负责印刷，月薪8元，其他三人由汤姆

❶ 苏精：《马礼逊与中文印刷出版》，学生书局，2000年，第85页。
❷ 苏精：《马礼逊与中文印刷出版》，学生书局，2000年，第87页。
❸❻❾ 苏精：《马礼逊与中文印刷出版》，学生书局，2000年，第99页。
❹ 苏精：《马礼逊与中文印刷出版》，学生书局，2000年，第95页。
❺ 斯当东曾担任东印度公司广州商行的翻译，1816年成为大班，1818年回英国担任下院议员。
❼ 苏精：《马礼逊与中文印刷出版》，学生书局，2000年，第100页。
❽ 苏精：《马礼逊与中文印刷出版》，学生书局，2000年，第101页。

司书写中文后，教他们雕刻活字。●葡萄牙工人的工资和华人一样，每刻50个小字或是20个大字的代价为1元。在生手训练阶段，还可获得每月6元津贴，以弥补缓慢的生产速度。●1822年，印刷所代印葡文日报《蜜蜂华报》，葡籍印工对于报纸的排印出版有很大的帮助。●

澳门印刷所的印刷活动持续了近20年，一直维持到1834年，随着东印度公司对华贸易垄断权的终结而关闭。作为西方在中国境内最早的出版印刷活动，澳门印刷所有力地推动了澳门印刷业的发展，促进了传教士来华传教的出版活动。当在中国的其他外国人开始重视出版活动时，澳门印刷所由于出版量少且不稳定而逐渐湮没，再加上东印度公司的资金支持越来越少，终于在1834年关闭。

这个为印刷马礼逊的《华英字典》而成立的印刷出版机构，在编辑、设计、出版、印刷《华英字典》的过程中，呈现出中国近代出版机构的雏形与初步的职能设定。●

澳门印刷所揭示了中国近现代印刷设计体制处于开端时，印刷出版机构所面临的不可回避的国际形势背景，即中国日益卷入以欧美为主导的经济文化体系之中，越来越多的西方资本与文化资源进入中国，也促使中国民族工商业发展起来，形成中国近现代出版机构或西方传教或商业出版机构展开竞争的态势。

第三节　西方印刷技术的引入与设计变革

马克思的技术观中对技术与现代性关系的阐释，对于理解印刷技术在中国社会现代化进程中所起的作用具有启发意义，一方面，"现代性构成技术置身其中的整体文化环境"；另一方面，"技术是现代性的基础，成为现代性的重要特征，由内而外地影响人们的生活。"●

不同的技术手段影响了与技术密切相关的设计思维与设计结果。中国以传统雕版印刷技术为主流的印刷出版活动一直持续到19世纪初，传统雕版刻书业直到光绪年间仍有所发展。各地的官书局、民间书坊与私家刻书仍以传统雕版图书的刻印为主业，北京的琉璃厂、上海的棋盘街、山东聊

● 苏精：《马礼逊与中文印刷出版》，学生书局，2000年，第97页。
●● 苏精：《马礼逊与中文印刷出版》，学生书局，2000年，第98页。
● 苏精：《马礼逊与中文印刷出版》，第93页，转载于《传教士与中西文化交流》，谭树林，北京：生活·读书·新知三联书店，2013年，第295页。
● 于春玲：《文化哲学视阈下的马克思技术观》，东北大学出版社，2013年，第115页。

城、四川成都的学道街成为各地民间书坊与书肆的集结地。15世纪中期，德国古登堡已经发明了西方铅活字印刷术与印刷机，直到19世纪初，传入中国的基督教新教比天主教教徒更重视文字宣传，英国传教士马礼逊建立澳门印刷所，首次采用西方铅活字技术雇佣中国刻工刻制中文铅字，开启了近代西方印刷技术传入中国的历程，期间经历了近四个世纪。西方的现代印刷技术传入中国后，又经历了一个与本土文化相融合的在地化过程，中国的传统印刷技术因而受到冲击，被迫寻求转变，中国的印刷出版版图也发生相应的变化。

清代末年，清政府实行严厉的闭关锁国政策，鸦片战争以前，仅开放广州与西方"一口通商"，直到鸦片战争后签订了《南京条约》，开放为五口通商。鸦片战争后，香港岛被英国租借，英华书院与教会迁至香港，五口通商的同时，外国人设立的书局报馆迅速涌现，西方印刷技术迅速传入中国的通商口岸与重要城市。随着上海的开埠通商，以传教士与商人为主的西方人士将近现代先进的工业技术与机械生产设备引入中国，以上海、北京两地的出版机构与出版物最有代表性。宗教传播的需求与商业利润的驱使，促进外国传教士与商人尝试在中国办报馆，上海由英国传教士创办的墨海书馆、法国传教士创办的土山湾印书馆，成为中国大陆最早拥有铅印与石印设备的出版机构；英国商人美查创办了申报馆与点石斋石印局。上海成为中国最先与西方经济、文化、技术等因素接触的城市，据1919年统计，西方基督教徒在中国所建的印刷机构多达50余家❶。到了19世纪中后期，上海成为中国现代印刷行业集聚的中心城市，中国民族印刷工业呈现迅速发展的态势，在引入西方现代印刷技术进行大批量印刷时，提升了生产效率，改善印刷质量，中国人创办了同文书局（1882年由徐鸿复、徐润创办于上海，为中国人集资创办的第一家石印出版机构，通过石印技术翻印古籍善本）、蜚英书局（1887年由李盛铎在上海创办）、鸿文书局（中国最早的五彩石印书局）、商务印书馆（1897年创办）、1902年成立的文明书局、1912年成立的中华书局等机构。

一个时代的设计风格与特征并不仅仅是由社会的文化理想所决定的，对于印刷设计这种与制造加工技术密切结合的设计领域而言，生产与制作技术水平的发展程度决定了印刷设计产品的质量与形态，与加工制作密切相关的技术因素与工艺手段对作品所呈现的面貌产生很大的影响。西方现代印刷技术按印版工艺类型大致可分为凹版、凸版与平版印刷三大类。19世纪以来，西方印刷技术引入中国后，铅活字印刷的工艺技术、石版印刷技术、照相铜版印刷技术等传入中国之后，中国近代印刷经历了对新技术

❶ 施继龙，张树栋，张养志：《中国印刷术发展史略》，印刷工业出版社，2011年，第105页。

的接受与融合过程，不断在吸取与应用国外先进技术的过程中有所改良与适应，形成中国印刷设计的技术条件，印刷、装订、摄影等技术因素的快速发展及应用提高，深刻影响着印刷设计的实际应用与文化传播。

一、铅活字印刷术与中文印刷字体设计

西方现代活字印刷技术应用于中文印刷经历了漫长的探索过程，《华英字典》是这一探索的开端。英国传教士马礼逊最早将铅印与石印技术引入中国后，汉字铅活字的批量化铸造又经历了近一个世纪的探索与试制，最终才得以实现。

中国汉字具有字形复杂且数量繁多的特征，使汉字活字印刷技术的实现比西文字体要复杂得多，需要制出数万个中文活字才能进行中文排印工作，早期在解决中文活字制字的难题时，传教士与中国刻工配合，采取了许多创造性的举动，从传统木版雕刻汉字的印刷技术转向西方现代活字技术的汉字铸造，经历了从逐个雕刻的中文铅活字，到拼合字，再到电镀字的探索历程。

首先，拼合字的创制，实现了对汉字部件的整理与组合。由于中国汉字本身具有数量多且结构复杂的特点，决定了对汉字进行活字印刷本身难度很大。受英文单词以英文字母为基本铸字单元的活字印刷思想所启发，西方的汉学家开始尝试整理中文的基本部件，试制汉字的拼合字，以减少备用活字数量，从而更为方便地印刷汉字。

1837年，法国巴黎活字制造专家勒格朗（Marcellin Legrand）出版了《汉字样本》一书，记述了其研制汉字拼合字的心得与成就，采用偏旁与基本字结合的方式，以减少字模的刻制数量，共刻制了3000多个字模。

1844年，澳门美国长老会的"华英校书房"印刷所购入了勒格朗创制的拼合字字模，订购了3000个字模，出版了《新铸华英铅印》介绍此事（图2-1），书中说明，活字分为整体字与拼合字两类，拼合字又分为水平拼合与竖直拼合两类，并检列出常用字库，肯定了金属中文活字试制的成功。

拼合字为汉字活字印刷术的进一步发展提供了研究汉字与制作字模的技术思路，但是以一种相对机械化的拆分方式来处理合体字，一方面是在对汉字字形结构的研究基础上，对汉字部件进行生硬的拆分与组

合；另一方面，汉字本身的结构美感、丰富性与弹性也受到了机械分割的损害。

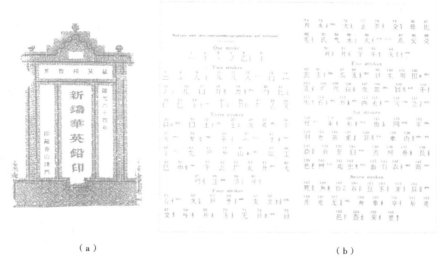

（a）　　　　　　　　　　　　　　　　　　　　　　（b）

图 2-1　1844 年使用勒格朗创制活字，原载于张秀民的《中国印刷史》

（a）《新铸华英铅印》扉页；（b）叠积字样张

　　其次，汉字使用频率的整理上也有了新的发展，"香港字"的创制是在此基础上的成功案例。英国伦敦会传教士萨缪尔·戴尔（Samuel Dyer，1804—1843年）1828年抵达马六甲后被安排印刷中文书籍，1835年定居马六甲，一直研制中文铅活字。戴尔试制的活字，早期（1828—1831年）采用铸版造字的方式，先是通过雕刻木版翻铸出铅版，再切割形成单个活字。后来，戴尔在研究与统计汉字使用频率的基础上，整理出常用字1200个，采用雕字范、冲字模、铸活字的欧洲活字铸造方式与制作工艺来铸造汉字铅活字，1843年戴尔去世后，由施敦力兄弟在香港继续完成这项事业，这一批铅活字被称为"香港字"。❶

　　戴尔创制的"香港字"以马六甲木版刻印圣经的宋体大字为蓝本，修缮并改进了汉字的字形，使铅活字字形上比巴黎活字更为美观，一度成为中文印刷市场上主要使用的活字。"香港字"字体呈方形，结构较松散，横竖笔画的粗细对比不强烈。香港字先在香港英华书院流通，后传入上海，在麦都思创办的墨海书馆使用，后又传入北京同文馆，用于出版科学与宗教书籍。

　　除了香港字外，这一时期还有其他西方传教士创制的汉字，1847年，

❶ 胡国祥：《传教士与近代活字印刷的引入》，《华中师范大学学报》（人文社会科学版），第47卷第3期，2008年5月。

美国纽约长老会的贝耶豪斯在德国柏林研究试制大号汉字活字，称为"柏林字"。1850年墨海书馆刻制了4号活字一副用于排印圣经。[●]

19世纪中后期，铅活字电镀制模技术与排字架的改进，进一步提升了中文印刷活字的创制质量与排印效率。美国传教士姜别利（W.Gamble，1830—1886年）于1858年来中国宁波主持华花圣经书房，1860年，华花圣经书房由宁波迁至上海并改名为美华书馆，姜别利主持试制的"美华字"曾一度风靡中文铅活字印刷出版市场。姜别利对汉字活字技术的发展具有重要的促进作用，使用电镀制模技术来制造汉字铅活字的字模，解决雕字范和冲字模工序上的复杂问题，用细密的黄杨木刻中文阳字，再将黄杨木阳字冲成紫铜阴文，镶入黄铜壳子形成字模，提高效率，又可缩小活字尺寸，对中文的字号进行标准化设计，制成7种不同大小字号的铅字，时称"美华字"。除此之外，姜别利还发明了元宝式排字架，改进了中文排版的捡字与排字工作，提升了排版的效率。西方活字印刷技术促进了中国汉字印刷设计的发展，在中文字体与字号模数化与标准化上起到重要的启示意义。

1829年，法国人谢罗发明了纸型，代替了沉重的泥版印刷，也迅速传入中国，成为重新出版图书的重要技术手段。

二、各式中文印刷字体的制备

中国早期的雕版所采用的字体风格为软体书体，直到宋代才开始出现具有模数化处理方式的印刷字体，即宋体字，明代的刻工加剧了这种印刷字体的横竖笔画的粗细对比，对字体的波折作直线化处理，形成风格上硬朗而工整的宋体字，又在明代传入日本而被称为"明朝体"。清代的活字虽有所发展，但仍未形成如西方活字印刷技术一样与机械化生产相适应的活字制造经验。

西方近代铅活字印刷技术在中国的传播与应用，与西方传教士与中国民间刻工的合作密切相关。到了19世纪中期，西方商人也介入中国的印刷出版行业，铅活字印刷技术与石版印刷技术传入中国并为中国民族印刷出版业普遍掌握后，传统的雕版、木活字与铜活字印刷衰落，铅活字的字体以宋体为主，而石版印刷所采用的汉字则以楷体为主。宋体字与楷体字在基本字形基础上形成诸多书体风格，除此之外，仿宋体也成为各印刷机构

[●] 罗树宝：《印刷字体史话（十）——近代印刷术传入及初期铅活字字体》，《印刷杂志》，2004年05期。

试制与印刷排版时使用的常备字体。宋体、楷体、仿宋体三类中文字体的制备在20世纪上半叶都形成一定的设计成就。

宋体活字是使用最为广泛的活字类型，19世纪末，宋体字的字形已经定型。西方现代活字印刷技术使宋体字的优势进一步得到发挥，每一字所占空间比例均匀。1869年，日本人本土昌造从中国向日本引进了宋体铅活字，日本筑地和秀英舍两家铸字社在中国宋体铅活字的基础上精修了字形，使之更为美观，并向中国输出，成为一度占领中国活字市场的主流产品，这一情况延续了近一个世纪●（直到1955年）。19世纪末，英国商人美查于1884年成立图书集成局，创制了扁体的汉字活字，被称为"美查字"，商务印书馆则在美华书馆的"美华字"的基础上，创制了楷体、方头体、隶书体活字，被称为"商务字"，并改进了铸字炉的铸字效率。20世纪初，汉文、汉云、华丰等字模铸造厂在上海建立，丰富了中文铅活字的字体与字形设计。

楷体活字由于字形端庄严谨，成为近代重要的印刷字体类型。商务印书馆与中华书局的印刷所成为近现代率先创制楷体印刷活字的机构。唐驼等著名书法家为印刷出版机构缮写用于印刷出版的字体。唐驼1871年生于常州，他所创书的唐体楷书驰名上海，上海各大书局教科书争相聘请他缮写教科书，采用唐体楷书作为专门字体。1906年，唐驼集资50万元成立中国图书公司，主要业务为出版教科书。后因大火烧垮中国图书公司，唐驼便转往商务印书馆主持碑帖书册选编出版工作。1912年中华书局成立后，唐驼转任中华书局印刷所所长，引进新技术，聘请德国印刷技术专家。1912年选送沈逢吉去日本学习印刷技术，后又资助柳溥庆去法国巴黎美术印刷学校学习。1938年唐驼去世，墓碑上写"卖字先生唐驼之墓"。●楷体铅活字的刻制由各机构请著名书法家手书后再去铸制铅活字，或是从古籍中选取楷体字作为模板创制仿古字体。1909年，商务印书馆请钮君毅写字，徐锡祥刻字，完成了一套楷体字，但字数不全，而且版面由于字体参差而不够美观；1930年，汉文铸字制模厂请高云塍写欧体字，由朱云寿等刻字，制成1至6号楷体活字各一副，并有字面较大的足体与字面较小的疏体两种风格，时称为汉文正楷。此外，还有1932年的华文楷体，1935年的汉云楷体等，楷体活字的创制活动很多。●

仿宋体由于字形清瘦古雅，多用于古籍与诗词类图书的排印。近代著名的仿宋体有商务印书馆于1915年请陶子麟刻制的1号、3号仿宋体和

●● 罗树宝：《印刷字体史话（十）——近代印刷术传入及初期铅活字字体》，《印刷杂志》，2004年05期。
● 孙文雄：《印刷界的先知——常州奇才唐驼》，载于《中国印刷工业人物志》，中国印刷及设备器材工业协会编，印刷工业出版社，1993年，第5页。

1919年请韩佑之刻制的宋元刻本风格的仿宋体，1919年中华书局与丁善之、丁辅之兄弟合作，请名刻工徐锡祥刻成2号、5号聚珍仿宋体；1927—1934年间上海华丰铸字所请朱义葆刻制的仿宋体活字，1929—1930年求古斋请庄友仁、周利生刻制1至6号仿宋体活字；1932年百宋铸字印刷厂刻成1至5号方形、2至5号长形活字各一副。❶

不同字体类型的中文印刷活字制备工作，既从中国传统书法艺术中汲取营养，又结合西方现代印刷技术展开研发探索，根据现代出版需求调整中文印刷活字的字型风格，丰富了现代中文阅读的视觉层次。

三、图像印刷与版式设计的发展

美国学者杰里米·里夫金在《第三次工业革命》一书中将印刷技术视为第一次工业革命的主要标志，蒸汽动力技术在印刷业中的引入，使新闻媒体在第一次工业革命时期成为主要的信息传播工具，在提高印刷速度与印制效率的同时，降低了印刷成本，促进了大众信息传播媒介的发展与西方公众文化普及运动的开展❷，扩大了文字与影像传播的范围。

印刷技术的发展，促进了印刷设计中的图像传播与出版消费。从古代的"绣像本"与传统木刻雕版的印刷形式，转向了使印刷图像的质量与效率更高的西方印刷形式，大量增加的"图像"成为近代印刷出版的一个重要趋势，图像成为近代出版印刷物的大众消费的"新卖点"。阅读的重心从文字转向了图像，从而也引进了阅读方式与社会文化的变化。1905年，中国的科举制度废除后，新式学堂兴起，新式教科书广泛印行并使用新的印刷技术，在版式上形成了新的体例。

石版印刷技术的传入开启了图像大规模复制与传播的时代，产生了画报这一特殊的商业美术门类，为其他商业美术活动的开展提供了一个新鲜活跃的平台。《点石斋画报》便是由于石版印刷的流行而在中国畅销的第一份石印画报。随着彩色石版印刷、珂罗版印刷、照相铜版印刷、胶版印刷、影写版印刷等技术的传入，上海印刷业、出版业及商业美术行业迅速涌现一批批对印刷技术抱有浓烈的探索兴趣与专业敏感的出版人与美术家，在他们的努力下出版了紧随印刷技术发展而进行内容沿革的一份份新兴的画报。五彩石印技术迅速在画报中得到应用，《世界画报》便是体现五彩石印与单色石印结合的产物。由于耐印力的限制

❶ 罗树宝：《印刷字体史话（十）——近代印刷术传入及初期铅活字字体》，《印刷杂志》，2004 年 05 期。
❷ [美]杰里米·里夫金，张本伟，孙豫宁：《第三次工业革命——新经济模式如何改变世界》，中信出版社，2012 年 6 月。

而无专门采用珂罗版印刷的画报，但珂罗版印刷的插页或封面在画报中时常可见。照相铜版印刷技术则使《上海画报》《摄影画报》等刊载照片的画报在上海出现并畅销，第一份大型的综合画报《良友》也依托成熟的铜版印刷技术条件应运而生，后期采用彩色胶印技术印刷封面及美术作品宣传插页以吸引更多读者。随着影写版印刷技术迅速被上海出版界应用，《良友》《时代》等画报争先采用这一最新、最快且支持更大批量印刷的技术，使畅销的画报传播到更广泛的地域。印刷技术的沿革发展结合出版人、美术家的努力探索，引发不同形式与内容的画报在上海接踵登场。短短几十年中，几乎每一种新印刷技术的引进都会激发和促进一种新画报诞生与流行，这一事实生动地体现了中国近现代印刷设计发展状况。

四、摄影与装帧技术的发展

技术因素参与了设计活动的制作过程，材料与工艺几乎决定了商业美术活动呈现的物质面貌。20世纪初期，印刷技术的发展、装订与书籍装帧方式的革新与尝试、摄影技术的流行及应用，均对商业美术活动的实现提供了必要的技术支撑，对印刷设计所呈现的面貌产生了基础性的影响。摄影技术早在19世纪中期便传入中国，为各类商业美术创作提供了一种新的观察表现外界事物的视角和方式。依托于摄影术的照相制版技术的发展对图像印刷效率与印制效果的改进产生很大的影响。石版印刷中采用照相石印技术提高手绘图像的复制效率，比传统雕版节省时间与人力，促使画报这一新型的传播媒介出现。而照相网目铜版技术的发明，实现将摄影照片转印到纸质媒材上。文明书局的赵鸿雪最早在中国试制成功照相网目铜版的技术，《东方杂志》则是最先在杂志插页中应用照相制版技术将摄影照片印刷至纸上的期刊。摄影图片作为一种时新的图像表现方式出现在杂志与报刊中，丰富了书籍杂志的内容编排与表现，封面与插图都不再局限于早期石印书刊仅采用手绘的方式。

印刷技术与装帧形式也有紧密的联系。19世纪末20世纪初，中国的书籍装帧形式面临从传统向现代的转变。线装、包背装、蝴蝶装、经折装等中国传统的书籍装订方式受到西方简便现代的装帧方式的冲击。

最初的中文杂志在装订上仍然模仿中国古典线装书籍的装订方式，如《绣像小说》便采用简易的四眼装订法。开本较大的杂志则采用六眼或八眼装订，虽然这样的装订方式并不牢靠。中国古代典籍的装帧上采用书衣（俗称书皮），在书衣上所贴的纸签题写书名，是线装书的一项重要装饰，古典图书封面的视觉风格成为现代图书参考的视觉样式，1815年，马礼逊在马六甲创办的《察世俗每月统记传》为世界上最早的中文报刊，这本刊物所采用的封面版式便模仿中国传统书籍的牌记页面，以适应中文读者的阅读习惯。随着印刷技术与装订工艺的变化，杂志装帧方式也发生了相应的变化。

中国最早的洋装书是在日本印刷再运至中国发行的，如1901年作新社出版的《女子教育论》《物竞论》等，《东语正规》是第一本两面印刷和西式装订的中国人著作。❶商务印书馆在1904年创刊的《东方杂志》则是中国第一本自行印刷出版的洋装杂志。两面印刷、西式装订的洋装书刊的风潮迅速在中国清朝末年的出版业中引发了书籍形态的变革。虽然许多书籍和杂志已经吸收了简便、现代的洋装书形制，在书本内页的编排上却仍采用竖排直行的文字排版方式，以适应传统的阅读习惯；选用插图的风格仍趋向于中国传统的审美趣味。民国时期的洋装书籍，开口多在左侧，书脊则在右侧，在阅读顺序上与传统线装书籍是一致的。

杂志合订本的设计在20世纪初也颇受重视，各种畅销的报刊为争取更多的读者与利益，多将一年出版的杂志报刊汇集装订成册，并刊登合订本销售广告招徕顾客。例如，《现代》杂志合订本❷的书口设计便别具匠心，以绚丽的彩绘来装饰书口。丛书设计上则更讲究整体性与连贯性。赵家璧主持良友图书公司的《良友文学丛书》，为32开本软皮精装，并为丛书中的每一本书专门设计彩印护封，这套丛书代表了一个时代的装帧水平。常见的装帧方式还有毛边本，如鲁迅自封为"毛边党"，1909年由周氏兄弟编译的《域外小说集》便为中国最早的毛边本书籍，具有不修边幅、简朴平实的书籍形式美感，鲁迅与北新书店合作出版的图书多为参差的毛边本。

❶ 宋原放，孙颙：《上海出版志》，上海社会科学院出版社，2000年，第826页。
❷ 《现代》合订本，现代杂志社，1932—1933年。

第三章

大型出版机构中的印刷设计

第一节　大型出版机构的崛起

　　清代末年，洋务运动提倡发展实业的举措促进了中国民族印刷业的发展。曾国藩于1862年便提出了"商战"的概念，面对西洋货品在中国的垄断倾销，中国面临利权外流与国库亏空，魏源提出"师夷长技以制夷"的思想，成为中国洋务运动的重要口号。洋务派在各地设立以军工机械为主导的工业企业的同时，也陆续在各地设立新式学堂，如京师同文馆、江南制造总局、福州船政学堂、自强学堂等新式学堂均设置印刷机构，译介西方科学与人文书刊。郑观应于1894年出版的《盛世危言》中进一步普及"商战论"，强调商业的重要性。1898年，清光绪帝决定实行变法，开放报禁，允许国民自行办报。"以商立国"和"实业救国"的舆论号召进一步激发了中国人创办印刷机构和出版报刊杂志的浪潮。

　　张灏在《幽暗意识与民主传统》[1]一书中认为，1895—1925年这一时期是中国思想史的转型时代。1895年以前，中国的报刊出版仍处于零星状态，鲜见中国人自办的出版机构与报刊出版；1895年之后，社会政治运动带动了中国近代印刷出版的发展，报刊杂志呈现出惊人增速。报章杂志、学校与自由结社的出现，以及彼此间的影响作用，促进了新思想在中国的传播。晚清政治危机背后，牵涉着更为深层的文化思想危机，随着西方文化与观念的传入，中国人在价值取向、精神取向、文化认同上均出现了重大的观念冲突，现代知识分子对晚清和民国时期的思想变革起了重要作用，印刷出版这一当时新兴的信息传播方式，为思想与文化观念的传播起到推波助澜的作用。

　　上海与北京成为中国近现代出版印刷活动最活跃的地区。各地官书局、江南制造局翻译馆、京师同文馆、度支部印刷局等新兴出版机构是清代末年重要的官办印刷出版机构。官方出版机构有充足的经费支撑，购进先进印刷器械，组织编辑团队。1868年在上海成立的江南制造局翻译馆是洋务

---

[1] 张灏：《幽暗意识与民主传统》，新星出版社，2006年。

运动时期最大的译书机构，对于西方科技知识在中国的传播具有重要的推动作用。

由清政府于1908年在北京设立的度支部印刷局，是清末官办印刷机构中在规模、设备与出品上均居首位的机构。度支部为筹办印刷局，专门派官员赴日本和美国调查印刷局的印制技术、机构设置与建筑规模。度支部印刷局的建筑设计委托米拉奔公司负责，模仿美国国立印刷局的建筑结构与规模而建❶。该机构的主要业务为纸币和邮票印刷，该机构的存续时间横跨了清代末年与民国时期，"中华民国"成立以后，度支部印刷局改名

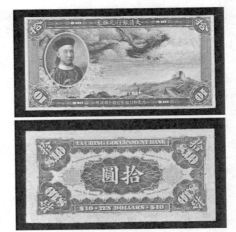

图3-1　大清银元兑换券（1910年）

为北京财政部印刷局，从美国引进最先进的"万能雕刻机"和打样机等全套钢凹版制版与印刷设备，后又聘请美国技师海趣于1910年设计并雕刻了大清银行银元兑换券的钢凹版（图3-1），1911年3月获得批准后开始印制。兑换券印制质量精良，图案线条与层次均清晰，度支部印刷局成为当时亚洲地区西式印刷技术的先进机构，其所采用的印刷技术、管理制度皆取法于西方现代印刷机构。

上海在20世纪初成为中国近现代出版活动的中心地区，由于上海的出版审查与广告管理制度较为规范与完备，营造了一个适于舆论出版与商业美术业生存的社会空间。上海的城市行政管理规章制度营造了相对稳定而又适当宽松的社会管理环境，租界与华界又存在两界各自区隔管理的社会现实，这使城市管理制度变得复杂多元的同时，也为文化出版与商业美术宣传活动增加了迂回与周转的余地，使身处上海的出版人、广告人的编创行为更加开放而自由。与此同时，上海华洋杂存、新旧交揉的城市文化氛围，使民间出版机构呈现出更为活跃的出版能力，展现了传播文化的充沛能量。

民国初年，书籍出版印刷业与商业用品印刷业均迅速发展，上海的大型出版机构与大型企业都设有自己的印刷厂，如商务印书馆的商务印刷厂、英美烟公司印刷厂、中华书局印刷厂、良友图书印刷公司、时代图书公司的时代印刷厂等。1920年5月1日，《新青年》卷6号刊登文章称："上海印刷工厂很多，就上海约一万印刷工人，最大的商务，中

❶ 万启盈：《中国近代印刷工业史》，上海人民出版社，2012年，第268页。

华，每厂千余人；中等的如彩文，大中华，商文，华胜等，每家百余人；小的数十家，每家三四十人，十余人的也有。"❶

　　商务印书馆是20世纪上半叶最为令人瞩目的印刷机构。1897年，商务印书馆在上海成立，并迅速由业务单一的印刷机构转型为机制完备的现代文化出版机构。商务印书馆的成功进一步带动有志之士致力于创办中国自己的文化出版与舆论宣传事业，促成了上海兼容并包的文化氛围。文明书局、大东书局、世界书局等民族印刷出版机构陆续开办，形成中国民族印刷出版行业蓬勃发展的态势。旧时的望平街一带是上海的文化传播中心，望平街（今为山东中路从福州路口至南京东路一段）上汇集了以《申报》《新闻报》和《时报》三大报馆为首的十余家报馆，在望平街南侧的四马路❷（今为福州路）上，商务印书馆与中华书局曾经隔街对峙，这条路后来汇聚了以商务印书馆、中华书局、世界书局、大东书局❸四大书局为首的几十家书店❹，成为文人墨客聚首流连的文化名街，构成了中国现代设计发生发展的重要文化环境。最早在上海进行美术活动的人员几乎都与文化传播中的书籍、报刊和宣传单的印刷出版具有密切的联系。以商务印书馆为例，书籍设计、美术电影制作和商业宣传等活动中产生了最早的设计需求，培养了一批上海本土的商业美术人才，先进的印刷技术为设计提供了必要的技术支撑，文化、经济、技术、人才等因素在出版机构中实现有机融合，为设计活动提供了重要的社会能量。

　　商务印书馆与中华书局是中国近现代大型出版机构中的翘楚。以商务印书馆与中华书局为首的大型现代出版机构，在借鉴日本现代印刷出版机构运营体系的基础上，形成了完整的现代出版企业管理机制，在发展过程中形成庞大的组织管理架构。大型出版机构中的美术设计部门，在中国近现代印刷设计体制构建过程中，可以被视为中国现代设计的培育皿。印刷设计成为文化出版企业完整的管理与运营机制中的一个有机组成部分，是构建企业文化的一个关键部分，发挥着重要的商业与文化作用。

---

❶ 上海地方志办公室，《上海出版志》，第五篇书刊印刷，第六章印刷职工队伍，第一节职工队伍的形成与发展。
❷ 旧时上海四马路东段是有名的文化街，书店林立；而四马路西段则是有名的妓院集中之地。
❸ 商务印书馆1897年创立时选址于四马路，5年后迁至北福建路。列举民国五大书局，则在上文所列四者之外加上开明书局。
❹ 柯兆银，庄振祥：《上海滩野史》，江苏文艺出版社，1993年，第377页。

第二节　商务印书馆与印刷设计

商务印书馆是中国20世纪令人瞩目的文化传播机构之一，曾在20世纪上半叶与北京大学被共同誉为"中国近代文化的双子星座"。胡适曾给商务印书馆这样的评价："对几千万少年的知识思想有影响的商务，要比北京大学重要得多。"[1]从胡适的肯定评价中，再现了商务印书馆在民国时期的文化影响力。

商务印书馆是中国知识分子应对西方传教士和外国商人在上海开办出版事业获利不菲的刺激而出现的产物，最早由七个发起人于1897年创立，由于夏瑞芳、鲍咸恩、鲍咸昌、高凤池等人受过教会学校清心书院的教育，都是印刷专业出身，夏瑞芳曾在美华书馆里当印刷技工，最早的商务印书馆其实是一个由多人集资创建的印刷作坊，承接各式商业印刷业务。

张元济的加盟对商务印书馆的文化转型起了重要的推动作用。原在南洋公学译书院担任院长的张元济于1902年投资加盟商务印书馆并主持了一系列改革，在原有的印刷所之外建立编译所和发行所，实现三所并立。1913年，商务印书馆与日本人合资，日本资金、技术、设备与管理的引入，使商务印书馆迅速壮大为出版业之翘楚，并于1916年成立总务处以协调、统筹、管理与监督三所业务，迅速从一个单纯承接印刷业务的小型印刷机构，转变为具有文化影响力的新型文化出版机构，成为上海出版界的龙头企业。最早在上海进行美术活动的人员大都与印刷和出版机构有所关联，该馆在建立其完备的文化出版系统的同时，也建立了为其出版事业服务的商业美术系统，还拓展了美术电影事业，与上海美术界产生了紧密联系，在产业拓展的过程中培养了一批中国本土出版人才和美术设计人才，在构建现代出版企业管理运营机制的过程中，也参与了中国现代设计的运营机制的形成。该机构在文化出版活动中对中国现代设计的推动，至今仍有重要的借鉴意义。

一、领先的印刷技术与活字设计研发

商务印书馆最早由印刷起家，该机构在从印刷业务向文化出版事业转型的过程中，一直重视采用先进印刷技术，强调"印刷业之发达，与文化有密切关系"。商务印书馆多次派人到欧美和日本考察印刷技术，重金聘请

[1] 傅国涌：《从龚自珍到司徒雷登》，厦门大学出版社，2015年，第133页。

国外专业印刷技师，并且有计划地培养本土印刷专业人才。商务印书馆在引进西方印刷技术的同时，在活字设计与研发上也有重要贡献。

1. 行业领先的印刷技术

1929年商务印书馆自编的《印书馆志略》中拍摄了商务印刷厂各类型印刷车间的设备场景，当时该机构所配备的印刷器械在上海是最为先进与齐全的，如单色石印、五彩石印、铅印、珂罗版、三色铜版、雕刻铜版、照相锌版以及凹凸版等各式印刷机器，一个个整洁宽敞的印刷车间中有条不紊地排列着各式印刷器械，如图3-2所示。

根据1939年出版的《上海产业与上海职工》[1]一书中的数据统计，当时上海的印刷工人共有一万二三千多人，其中商务印书馆有3000多人，约占从业总人数的1/4，一直处于上海出版业界的龙头位置。印刷技术的领先给设计带来了必要的技术支持与保障，商务印书馆繁盛的文化出版与商业美术业务也得益于印刷技术的支撑而顺利开展。

图3-2　商务印书馆铅印部(1929年)

商务印书馆多次派人到欧美和日本考察印刷技术，重金聘请国外专业印刷技师，并且有计划地培养本土印刷专业人才。1908年，该机构在上海率先引进了铝版印刷机，聘用日本人木村今朝南为专业技师。1915年，商务印书馆引进海立司胶版印刷机，并且聘请美国人魏拔为技术指导。1919年，商务印书馆引进照相平版技术，聘请美籍印刷技师海林格作为技术指导，并在印刷所中挑选8个具备较好绘画基础的练习生，开班传授照相平版印刷技术，课程大概维持了一年，给这些学员打下了印刷专业技术的良好基础，其中以糜文溶和柳溥庆成绩最为优秀，两人结业后成为了印刷所影

❶《上海出版志》，载于上海地方志网站上。

印部部长和副部长，负责照相平版印刷的相关业务，他们后来都成为在中国现代印刷史上做出卓越贡献的印刷专家，如图3-3所示。

图3-3　海林格来华传艺并与商务印书馆同仁毕业合影

（1921年，柳百琪珍藏）

2. 商务铅活字的字体设计

传教士与商人在中国开办的书馆对中文铅活字进行了早期的探索。随着中国本土出版机构的发展，19世纪初开始有中国人探索铅活字印刷技术的"国有化"活动，以取代原先单一呆板的宋体铅活字遍布报刊版面的情况。

商务印书馆在铅活字印刷技术的创制活动中处于先声与主导地位，这与张元济对商务印书馆的领导有很大的关系。擅长书法的张元济对当时市面上的铅活字字体并不满意，当时市面上的正文字体只有宋体字，因此，他组织了不同字体铅活字的创制工作。商务印书馆在采用铅活字印刷技术的过程中，在字模研制方面大费周章，对铅活字字体进行改进，在美华书馆的"美华字"❶基础上，创制了"商务字"。

张元济请书法名家手书字体，高技刻工雕刻制作字模，创制楷体、方头体、隶书体、仿古体等铅活字印刷字体，这些字体被统称为"商务字"，极大地改善原本单一的出版字体环境，丰富了报刊字体的面貌，同时将中国传统书法与汉字的美感带入了现代出版。

1909年，张元聘请钮君毅书写楷体字，再由技艺高超的刻工徐锡祥镌刻2号楷书体铅字字模，使用电镀制字模的新设备，这套楷体字所浇铸印制出版的铅

❶ "美华字"是美国传教士姜别利在上海美华书馆主持式制的中文活字，对中文字号进行标准化设计，形成7种大小不同的字号。

字，印制了商务的启蒙识字课本，方便儿童学习书写楷体字。但这套字模字数较少，排印时缺字较多，刻补后参差不齐，影响版面的整体字面效果。❶商务印书馆还刻制了方头体、隶书体活字，为我国金属活字提供新字体。

1915年，商务印书馆请湖北近代书刻名家黄岗、陶子麟，将古刻本《玉篇》的字体用照相的方法制成铅坯，制成1号与3号仿古活字2副。1919年，又聘请海陵韩佑之以宋元刻本为蓝本，刊刻古体活字。他先后刻成2到5号的仿宋和长仿宋字模。❷开创了"仿宋字"这一金属活字的新字体风格。

除此之外，商务印书馆还响应北洋政府教育部提高教育普及率与识字率的号召，于1919年开发连带注音字母的宋体注音连接字和长仿宋体注音连接字，还开发了名家雕刻的行书、草书字体。❸

在字体研制之外，商务印书馆还改进了铸字炉的铸字效率。商务字盛行一时，各地印刷厂的铅活字大多向商务印书馆购买，商务字成为中国书刊出版市场上使用的主流铅活字，淘汰了香港字、美华字、美查字与日本字等许多在字形方面不够完善的中文印刷字体❹。

商务字的研制与畅销体现了商务印书馆在铅活字印刷这一领域中"复兴和确立中国特有的书法文化与印刷文化"的目标❺，打破了原先只有单一的宋体正文印刷金属活字的僵化面貌，丰富了铅活字字体的种类，促进了字模技术与铸字效率的提升。

综上，商务印书馆凭借雄厚的机构资力，不仅在印刷技术的引入与改造上引领国内出版机构之先，还延拓出许多与技术密切相关的设计层面的改良与开创。

二、教科书的创编与版式设计

清代末年，戊戌维新时期的西方思想与学术在中国进一步广泛传播，这一时期成为中国知识分子兴办报刊传媒的活跃期，中国的教育制度也面临从僵化的科举转向与西方接轨的现代教育体制。

1905年科举制度废除之后，随着新式学堂的设立，适应新式教育的教

❶ 张元济研究会，张元济图书馆：《张元济研究论文集：纪念张元济先生诞辰140周年暨第三届学术思想研讨会论文集》，中国文史出版社，2009年，第95页。
❷ 张志强：《商务印书馆与现代印刷技术》，载于《商务印书馆一百年 1897—1997》，商务印书馆，1998年，第377页。
❸❺ 孙明远：《商务印书馆的金属活字字体开发活动及其历史文献》，《新西部》，2016年11期。
❹ 张秀民：《中国印刷史下插图珍藏增订版》，浙江古籍出版社，2006年，第461页。

科书成为各种教育机构紧盯的市场商机。清末与民国时期的出版环境对教科书的审定制度相对宽松，允许民间机构编辑教科书，经过政府审定后再出版发行。1897年南洋公学编纂的蒙学课本，可以视为中国人自行编纂教科书的开端，这套蒙学课本模仿外国课本的体例，不附图画，采用铅字印刷，初入学的儿童很难理解教材的内容❶。

商务印书馆以"扶助教育为己任"参与到教科书出版活动中，是最早参与教科书编纂活动的出版机构，由于其资源优厚、出品质量高而在出版市场上长期领先。

1903年，商务印书馆集结编纂团队出版了《最新教科书》，这是中国教育史上第一套具有现代意义的教科书，一经出版迅速售罄，教科书的出版使企业获得巨大利润回报，奠定了商务印书馆在中国出版业的声誉与地位。随后，中华书局、开明书局等出版机构纷纷建立，紧盯教科书出版市场，形成激烈的市场竞争。

商务印书馆出版的教科书在种类、数量上均列国内各出版机构之首。该机构编创的教科书在国内成为表率，无论在编辑团队的召集、编辑内容的拟定、版式图文的设计上，都具有探索性与开创性。

1. 商务教科书的编辑事务

1902年，张元济加盟商务印书馆后主持商务印书馆编译事务，适逢清政府颁布《钦定学堂章程》，他网罗优秀编辑人才，制定了"扶助教育"的出版宗旨。他推荐聘请蔡元培为第一任编译所所长。蔡元培提出编纂教科书的构想，并且制定了国文、历史、地理三种教科书的编纂体例。蔡元培辞任后，张元济继任编译所所长，继续主持教科书的出版事务。后来高梦旦、王云五等人先后继任编译所所长，均对教科书出版进行适应时代变化的改革。

商务印书馆新式教科书高品质的出版，有赖于张元济迅速建立起阵容强大的编辑队伍。1902年启动编纂工作，于1904年完成出版印刷的商务印书馆《最新教科书》，是中国近代史上第一套在体例与内容上均有完整框架的教科书，商务新出版的教科书为了与当时文明书局已经颇有影响的"蒙学教科书"（针对小学教育出版的教科书）相竞争，商务印书馆放弃了传统教育以经史子集的分类方式，根据当时的学制，分学科、分年级、分学期来拟定教材内容，循序渐进地设定课程内容，这种按学期制度编纂教材的方式，开创了"中国学校用书之新纪录"。这种

❶ 蒋维乔：《编辑小学教科书之回忆》，载于《商务印书馆九十年我和商务印书馆 1897—1987》，商务印书馆，1987年，第55页。

分科分级循序而行的教科书编纂策略为中国后续的教科书编纂工作提供了重要的借鉴作用。商务印书馆所编教材的学科齐全，所设"科目包括国文、算数(笔算、珠算、代数、几何、用器画等)、格致、化学、修身、地理、历史、动物学、植物学、矿物学、生理学、英文等"❶最新初高小学教科书十六种，教授法十种，详解三种，中学校用书十三种。张元济、高凤谦、蒋维乔、庄俞、杜亚泉、徐隽、杜就田、谢洪赉、伍光建、奚若、王建极等为编校人，编校团队实力雄厚。❷教科书是巨大的市场，是出版社的主要经济来源。该套教科书从1904年一直发行至1911年底，发行量占全国课本份额的80%。❸

以《最新国文教科书初等小学》的编纂出版过程为例，据蒋维乔回忆，张元济的领导对商务印书馆编译所的机构壮大起了重要作用，组建起一支实力雄厚的教科书编写队伍。起初商务印书馆并未准备建立专门的教材编辑团队，而是将教材出版任务外包给爱国社的教员，但编辑出的第一版教材并不理想，后改为在商务印书馆内建立编辑团队来编辑教材。高凤谦、张元济、蒋维乔、庄俞等人组成编辑团队，每日以圆桌讨论的形式来商定教材框架及每课内容，编辑教科书的花费包括圆桌讨论的编辑、为教材写楷书版面、画图以及校稿之人的薪酬，虽然每册书稿的编校费用比外包的第一版（60元，每课1元）要多了"百十倍"，但出品质量也明显提升。❹这套最新教科书畅销了十几年，再版数十次，其他机构纷纷模仿其形式和体例来进行教科书的编辑。

1922年，全国教育委员会联合会颁发新学制与课程改革，商务印书馆继续编纂与之相适应的新版教科书，编辑团队云集了胡适、陶阵和、冯友兰、顾颉刚、竺可桢、杜亚泉等90余位当时的社会精英与学界闻人❺，这强大的编辑阵容在教科书出版上绝无仅有。"教育救国""科学救国"的理念被实践于中国的教科书出版事业之中，新学制教科书的编纂出版，意味着经过多年的发展，中国现代教科书的系统与体例臻于成熟。

除此之外，商务印书馆还针对女校、夜校、半日校等不同教学对象与层级而专门编撰教科书，形成类型多样的教科书出版体系，从而满足不同层次人群的教育需求。

❶❸ 毕苑：《从蒙学教科书到最新教科书——中国近代教科书的诞生》，载于《山西师大学报》(社会科学版)，2006年03期。

❷ 庄俞：《谈谈我馆编辑教科书的变迁》，载于《商务印书馆九十年我和商务印书馆1897—1987》，商务印书馆，1987年，第68页。

❹ 蒋维乔：《编辑小学教科书之回忆》，载于《商务印书馆九十年我和商务印书馆1897—1987》，商务印书馆，1987年，第59页。

❺ 吴小鸥，石鸥：《民初欧美留学生与中国现代教科书的成型——基于商务印书馆1922年新学制教科书的分析》，载于《高等教育研究》，2012年2月。

2. 商务教科书的版式设计

商务印书馆在促进近现代
教育事业发展的过程中，在教
科书的印刷与设计上也有许多
创新之处。庄俞先生在回忆商
务印书馆的教科书编辑时，他
很感慨当年的工作是开辟性
的，"毫无经验，也无公式，
闭门造车"❶，他们不仅形成
了教科书内容编制的体例规

图 3-4 《最新初等小学国文教科书》

范，还奠定了教科书排版设计的基本体例。商务印书馆的翻译所也因为教
科书编纂工作而发展壮大，摸索出合理的教材编纂流程。

1903年初版的《最新教科书》，对教材的文字内容字斟句酌的同时，
在版式设计上也展现了多方面的尝试与探索。以1904年初版的《最新初等
小学国文教科书》为例，封面为素地，用楷体字书写教材名称；扉页采用
竖排版，教材名称以楷体字书写，其余出版信息则用铅字排印后分列书名
两侧，这一版式结构也为大多数民国书籍所沿用，如图3-4所示。

在正文字体上，不同科目根据实际需要选择适用字体。以国文教科书为
例，在为教材选用字体时，《最新国文教科书》仍沿袭晚清启蒙识字课本的

惯例，正文采用端正的楷体
字，以便于儿童识字辨意。

这套教科书在内文版式
的设计上也颇见新意，灵活
多变。每一课除了文字信息
之外，每一对页中皆附有精
美图画来调节版面，根据蒋
维乔的回忆，"图画布置须
生动而不呆板，处处与文字
融和。凡图画与文字，皆
同在全幅之内，不牵涉后
页。"❷，如图3-5所示。

在版面设计上，注意页

图 3-5 《最新初等小学国文教科书》（第二册）

❶ 庄俞：《谈谈我馆编辑教科书的变迁》，载于《商务印书馆九十年我和商务印书馆 1897—1987》，商务印书馆，1987 年，
第 62 页。
❷ 蒋维乔：《编辑小学教科书之回忆》，载于《商务印书馆九十年我和商务印书馆 1897—1987》，商务印书馆，1987 年，第 58 页。

面布局的美观与对称，图画与文字之间有适当留白，形成工整秀丽的版面效果，如图3-6所示。国文第一册初版发行三日便已售罄❶，足见当时市场上符合要求的教材之稀缺。

图3-6　《最新初等小学国文教科书》（第二册）

编纂团队尤其重视教材中对插图的应用，每本教科书中均安排了近百幅插图，另外再附加3页石版精印彩色插图，达到图文并茂的教学效果，从而增加教材的趣味性。

庄俞先生回忆在出版过程中，图画、照片、表格、图表等要素增加了教科书编辑与制版的困难："教科书附有图画照片表格种种，选材既甚困难，制版又极复杂，编制更不能草率，所以一本书看来极其简，殊不知从编稿以至出版，至少要经过十多次手续，假定一种书八本，……一套书不能在短时间内出全。外界不甚明了，徒多指责，……"❷

《最新教科书》奠定了20世纪初中国新式教科书的基本版式，这套教材还是国内最早附有彩色插图的儿童读物，开创了增设彩色插图以添加趣味性的儿童读物的先河。❸

1904年12月，商务印书馆的初等小学《最新国文教科书》"第一册一出版，在不到两周的时间内销出五千余册。第二册历时一月余印成，单行出版。三册至第十册，则历时两年，全稿完成，陆续出版。"❹这套教材至1910年已经是第60版，盛行十余年，可见此套教科书的影响力与流行程度。

❶ 曹冰严：《张元济与商务印书馆》，宋应离，袁喜生，刘小敏编，《20世纪中国著名编辑出版家研究资料汇辑 第1辑》，河南大学出版社，2005年，第40页。
❷ 庄俞：《谈谈我馆编辑教科书的变迁》，载于《商务印书馆九十年我和商务印书馆 1897—1987》，商务印书馆，1987年，第66页。
❸ 曹冰严：《张元济与商务印书馆》，载于《商务印书馆九十年我和商务印书馆 1897—1987》，商务印书馆，1987年，第21页。
❹ 蒋维乔：《编辑小学教科书之回忆》，载于《商务印书馆九十年我和商务印书馆 1897—1987》，商务印书馆，1987年，第59页。

根据课程内容，此套教材在某些科目教科书的文字阅读顺序上有所革新，引入了横向排版。如《最新中学教科书》中的《三角术》《代数学》等分册，采用横向排版，使教材内容更为清晰易读。在发行教科书的同时，商务印书馆还开发出其他相关的教辅材料，包括各科配套用书、"教授法"和各类挂图等。

辛亥革命成功后，中华书局率先提出"教科书革命"，出版适应革命后社会内容的《中华教科书》而抢占市场先机，获得发展机会。商务印书馆因未能及时调整，导致原先出版的教科书落后过时无人问津。为与中华书局的教科书相抗衡，商务印书馆紧急编纂出版了《共和国教科书 新国文》，如图3-7所示。

图3-7   《共和国教科书 新国文》（商务印书馆，1912年）

《共和国教科书》是中国历史上第一套以政体命名的教科书，在内容编纂上更为浅显易懂，增加了更多的图画内容，并针对不同购买力市场而推出了平装本与精装本。"'共和国教科书'的中学用书有布面纸面两种，爱美而经济稍裕的学校可用布面，定价较纸面贵了一角，美观而耐用，毕竟学校皆从节俭，纸面本畅销，而布面本销数极少，这一点是可以注意的。"❶这一做法可谓开创现代图书出版的平装本与精装本策略的先河。

在图书的装帧方面尝试多样性，从20世纪初的图书装帧方式来看，各出版机构经常会发行"常制"与"特制"两种，"常制"的廉装书价格低廉，往往能够为出版机构争取更大的市场，而"特制"的精装书则面向较小的市场，在各学校均讲究经济的教材领域，"特制"教科书往往并不畅销。

从清朝末年到民国时期，教育体制经历了多次变更，学制变化几近于"朝令夕改"。各出版机构经常是一部教科书还未出完全套，又要赶编适

❶ 庄俞：《谈谈我馆编辑教科书的变迁》，载于《商务印书馆九十年——我和商务印书馆 1897—1987》，商务印书馆，1987年，第62页。

应时局环境的第二部，商务印书馆对于此点向来是很注意、很敏捷的，尽管其积累了几十年的编纂经验，仍不得不尽量应对政令变化而随时更改其教科书，并与教育界加强联系，增加教材推广的营销方式。

庄俞回忆，"计自光绪二十七年至民国十年止，我馆为了创编教科书，经张菊生先生领导下，编译人自数人增加至百数十人，在馆外帮忙的还不计其数。"❶商务印书馆由于教科书编纂而集结起实力强劲的编译团队，在选材、图文编辑和制版等过程中积累了丰富的出版与印刷设计经验，在中国近现代印刷设计中具有表率性。

三、广告部与图画部的人才培养机制

为了满足出版事业中的美术需求，商务印书馆在一处三所的机构设置中，均设立与各部门业务密切关联的美术部门，成为20世纪初上海培养商业美术人才的重要机构。商务印书馆的人才培养机制在中国近现代的文化出版机构中具有重要的借鉴作用。

商务印书馆早期的美术业务纯粹是为图书出版服务的，在印刷所下设图画部（也称美术室），负责绘制商务印书馆出版的图书封面、插图和广告宣传画。1913年，原在土山湾孤儿工艺院习艺授艺的徐咏青从中国图书公司转入商务印书馆主持图画部，他给图画部带来了新举措，开办了"绘人友"图画学习班，公开招收练习生培养美术人才。根据商务印书馆的规定，练习生在图画部学习3年，每月零花钱3块大洋，期满之后再为商务印书馆服务4年，大部分人去了门市部服务，每月基本薪水为10块大洋，再根据个人业绩提取利润❷。

徐咏青主持图画部招收第一届练习生时，录取了杭穉英、柳溥庆等人，杭穉英后来创办了中国最为著名的月份牌设计机构"穉英画室"；柳溥庆于1913年跟随徐咏青从中国图书公司转入商务印书馆图画部❸，后来出国留学历经磨炼，成为新中国杰出的印刷专家。除此之外，先后在图画部学画的还有从事月份牌广告画创作的画家金梅生、戈湘岚和张荻寒、加入"穉英画室"成为合作伙伴的金雪尘、服务于制药与日化系统的广告和包装设计师李咏森、漫画家鲁少飞、服务于商务印书馆印刷

❶ 庄俞：《谈谈我馆编辑教科书的变迁》，载于《商务印书馆九十年——我和商务印书馆》，商务印书馆，1987年，第64页。
❷ 林家治：《民国商业美术主帅杭穉英》，河北教育出版社，2012年，第32、43页。
❸ 《柳溥庆传略》一文中提及柳溥庆1912年冬在中国图书公司当铸字徒工，并跟随当时在中国图书公司工作的徐咏青学画，1913年中国图书公司由于周转困难而盘给了商务印书馆，柳溥庆便跟随徐咏青转入商务印书馆印刷所图画部。

所的画家陈在新❶等人❷。当时商务印书馆图画部聘请了一位德籍教师教授西洋绘画和广告技法，其他几位老师为中国人，徐咏青教授水彩技法，吴待秋教授中国画，何逸梅在图画部学成后开始教授国画基础，金梅生后来在练习生期满之后也曾留任图画部担任教师。继徐咏青之后，何逸梅、吴待秋、黄宾虹、黄葆钺、钱宝锡等人❸曾先后主持过商务印书馆图画部的工作。

徐咏青主持图画部时，他主张"美术为社会所用"，提倡承接社会上的商业美术订件。当时社会上流行的月份牌、画片等实用美术品的印刷业务都为商务印书馆增加了收益。1900—1922年间，商务印书馆在《申报》上发表的图画部招生、月份牌征稿与印刷发行、举办展览的相关广告共有十余则❹，而这些具体的商业美术业务便由图画部培养的美术人才来承担。杭穉英在这个过程中积累了商业美术知识和业务能力，在图画部3年学画期满之后，被派去门市部服务4年。门市部是负责与客户接洽事务的业务部门，杭穉英经常需要根据客户要求临场发挥，快速勾出设计小稿与客户沟通，他娴熟的画艺与灵敏的反应为商务印书馆争取了不少客户，也为自己在时机成熟时开设独立画室积累了必要的人脉与资源。前文提到的其他画家也都学有所成，这些人在中国近现代美术史上均值得大书一笔，美术人才的业务能力对商务印书馆的业务提升起了关键作用，商务印书馆的美术培训与相关业务也历练了美术人才的综合能力，如杭穉英在商务印书馆工作的技艺与业务经验便支撑他去开办个人画室，随着业务的拓展又邀请师弟金雪尘❺加盟，并且培养李慕白等得力助手，最终形成分工合作的有效运作流程，成为20世纪上半叶上海最重要的独立设计机构之一。

到了20世纪20年代初期，商务印书馆在"一处三所"的机构设置上均有安排美术设计部门，服务于具体的出版事务。根据《商务印书馆总公司同人录》（1923年）的记载，总务处作为企业的总机关，起统管各个机构的作用，总务处的通信股交通科下面设有广告股，当时的职员"万海啸"便是后来在中国美术界（尤其是美术电影行业）成就卓著的万籁鸣——作

❶ 据《中国美术家人名辞典增补本》（张根全编，西泠印社出版社，2009年，第476页）一书记载，"陈在新（1905－），原名陈铭，浙江海盐人，历任商务印书馆印刷所画部职员、上海市画人协会理事等职务"，擅长绘画、木刻与图案。
❷ 画家丁浩在《霞飞路和合坊两广告画家》（《卢湾史话》，第8期，2009年）一文中提及，"上海商务印书馆对培养中国广告画家起了重大作用，他们招收一批爱好绘画的青年作练习生，和杭穉英同时考人商务印书馆作练习生的还有金梅生、李咏森、金雪尘、鲁少飞、戈湘岚、陈在新、张荻寒等人。商务印书馆聘请德国、日本等外国画家教他们学西画基础，由吴待秋教他们学中国画，这些人后来都成为中国早期的广告画家"。而在丁浩的另一篇文章《将艺术才华奉献给商业美术》（载于《老上海广告》，益斌、柳又明、甘振虎，上海画报出版社，1995年，第15页）中，则提及李咏森同丁浩的谈话，李咏森在1920年商务印书馆招收图画间练习生时考人该机构，与他同时作练习生的有杭穉英、金梅生、金雪尘、戈湘岚、陈在新、张荻寒等人。
❸ 据乔志强在《商务印书馆与中国近代美术之发展》（《南京艺术学院学报·美术志设计版》，2007年2月）中提及，继徐咏青之后，"著名书画家吴待秋、黄宾虹、黄葆钺等先后主持其事"，又因陈瑞林在研究中提及何逸梅在徐咏青离开图画部之后实际由其主持，《商务印书馆总公司同人录》中提及印刷所图画部负责人为"钱宝锡"。
❹ 王震：《二十世纪上海美术年表》，上海书画出版社，2005年。
❺ 金雪尘，1903年生于上海嘉定，1922年被商务印书录取为"绘人友"，擅长画风景。

为万氏四兄弟中的老大，万籁鸣先是在交通部从事业务推广，后又到影戏部供职，随后其孪生弟弟万古蟾、三弟万超尘、四弟万涤寰也加入商务印书馆的美术部门，四兄弟通力合作，共同创作了中国历史上的第一批动画影片。万籁鸣回忆其"青年时代在商务工作的十四年，在业务上受到培养、锻炼，政治上受到启迪、教育，商务无疑是我们兄弟几个从事美术电影事业的摇篮。"❶

此外，商务印书馆在总务处之外，又分设印刷所、编译所和发行所，负责印刷制作、书刊编辑翻译、图书发行运营等各项工作。编译所的出版部下面设有广告股，另外编辑所事务部下面设有图画股、图版股和美术股，其中图画股的人数最多，如许敦谷等人当时都在该部门工作，而黄宾鸿则在美术股工作。当时印刷所仍设有图画部，发行所则设有商务广告公司，后来创办了上海四大广告公司之一的华商广告公司的林振彬，当时便在商务广告公司工作，并兼任事务部的部长和通信现购处的负责人。❷商务广告公司承包了上海铁路局的广告业务，这些业务资源与经验是林振彬后来自办广告公司的重要积累。

先后在商务印书馆成长与工作的美术设计从业者数不胜数，如后来在联合广告公司任职的广告画家蔡振华，他曾在商务印书馆从事橱窗设计与布置工作；著名画家徐悲鸿、创办《良友》杂志的伍联德等人也曾在商务印书馆任职，由此可以看到，商务印书馆中需要商业合作的各分支机构与部门都不惜耗时费力地去培养与招揽商业美术人才，在印刷和广告等专业技能的培养过程中也加入了美术培训的内容。因此，商务印书馆在业界享有"培养上海商业美术人才摇篮"的美誉，成为中国本土设计体制的一个尝试性的开端。

四、杂志出版设计

商务印书馆在图书编辑与印刷方面领上海之先，为保证其所出版图书的质量，通过馆内设立的美术部门给图书出版和商业美术业务提供必要的人才支持，客观上培养了一批服务于上海各个产业领域的商业美术人才。该机构出版的图书大部分由馆内的美术人员完成封面和插图设计，如许敦谷、韩佑之等人便服务于编辑所事务部下设的图画股与美术股，万籁鸣

❶ 万籁鸣，《耄耋之年话商务》，载于《商务印书馆九十年——我和商务印书馆》，高崧编，商务印书馆，1987 年。万籁鸣从 1919 年考入商务印书馆，一直在该机构工作，辗转去过多个部门，直至 1932 年离开。

❷ 商务印书馆编，《商务印书馆总公司同人录》，1923 年 1 月。

也为商务印书馆出版的《儿童世界》等儿童刊物绘制插图与封面画。除了机构内的设计人员为图书出版提供必要的商业美术支撑之外，商务印书馆还有一部分图书为了取得更好的出版品质与声誉，寻求与上海滩上的知名画家、设计师合作来完成装帧设计与这样的设计合作在文化界广为接受，在市场上赢得大众的青睐，形成了良好的社会声誉。

图3-8 《中国美术号》

中国第一本洋装杂志《东方杂志》便由商务印书馆于1904年出版。《东方杂志》既是中国在民国时期影响最大、最重要的综合型文化刊物，也是持续出版时间最长的刊物（直到1948年停刊）。胡愈之担任主编时，邀请从日本专修图案归来的陈之佛从为《东方杂志》设计封面（1925年第22卷至1930年第27卷）。陈之佛还为《东方杂志》的特刊《中国美术号》（1930年1月）设计了封面（图3-8）。在此期间，陈之佛从1927年开始为商务印书馆的文学刊物《小说月报》和一些文学丛书设计封面，这些书刊的封面设计既富有传统民族文化元素的中国风格，又具备了现代设计的简洁与结构感。

除此之外，钱君匋、莫志恒等人也曾为商务印书馆的图书设计封面。与相对规矩的教科书和重在宣传推销的商业美术广告招贴相比，书籍设计是一片更为理想化的设计试验田，设计师有更多空间施展自身的艺术理想与抱负，与西方的设计思潮有更多的共鸣、交流与对话，体现了中国现代设计的精神追求。20世纪初，出版局面呈现出一片繁荣景象，杂志、画报等大众文化读物盛行，使得封面、插图、版面编排等方面的美术设计人才需求旺盛，因此出版业成为平面设计的先锋阵地。

商务印书馆的图书出版背后，有着雄厚的印刷技术支撑和报刊出版发行经验，形成了迅速且高效运作的印刷发行体系，为印刷设计提供了必要的技术与制度支持。1932年，商务印书馆大部分馆舍被日军悉数炸毁，由糜文溶负责重新筹建商务印刷厂。重新开张的商务印刷厂，采用了当时最新的照相制版凹印技术，承印了全国体育运动会的画报，运动会上的比赛镜头第二天便能在画报上迅速印刷出版出来，印刷效率为当时出版界之首，强大的资源调配与紧急应变能力，为印刷设计的实现提供保障。

20世纪初以商务印书馆为代表的诸多文化机构，在构建现代出版企业管理运营机制的过程中，由于自身对现代设计的业务需求而促进了中国现代设计的发展。

商务印书馆先进的印刷技术为设计提供了必要的技术支撑，文化、经济、技术、人才等因素在出版机构中实现有机融合，为设计活动的展开提供了必要的能量支持；在书籍设计、美术电影制作和商业宣传等活动中产生了最早的设计需求，培养了一批中国本土的商业美术人才。从商务印书馆的图画、广告、编辑等部门中走出来的许多青年人，成为20世纪上半叶中国现代设计活动的干将。它带给设计从业者的不仅仅是出版印刷与美术设计技能的训练，它的文化影响力和精神高度，给予从业者们在文化与精神层面的影响要更加深远。

商务印书馆在印刷技术的改进、美术人才的培养、教科书与报刊出版等方面的成就，展现该机构在文化出版活动中对中国现代设计的推动作用。商务印书馆的成功进一步带动了有志之士创办中国本土文化事业的热潮，促成了上海兼容并包的文化氛围，在参与中国近现代印刷设计活动的同时也形成中国现代设计发生发展的文化土壤。

第三节　中华书局的印刷设计体制

中华书局是与中华民国的成立同一年创建起来的出版机构，可谓应运而生。1912年，陆费逵、戴克敦、陈协恭和沈继方等人在上海创办了中华书局。陆费逵曾于1908年在商务印书馆担任国文部编辑，后又担任国文部主任，1909年，出任出版部部长、交通部部长兼师范主任，他与蔡元培曾在教育理念上颇有共识。在熟悉出版业务与流程后，陆费逵瞄准了当时商务印书馆所开辟的新编教科书市场，一举创办中华书局。

陆费逵提出"教科书革命"与"完全华商自办"的口号，在教科书出版方面迅速形成与商务印书馆相抗衡的竞争实力，在激烈的行业竞争中迅速成长。依靠教科书出版，迅速抓住发展机遇，成为中国重要的出版机构之一。

中华书局以教育救国为核心定位，在20世纪初特殊的时代环境之下，该机构的救国情怀与经济利益二者兼而有之。该机构在印刷技术的引进、印刷字体的发展、教科书编纂与图书出版设计等领域，都对中国近现代印刷设计起到重要的促进作用。

至1916年，全国有40多处分支机构，职工2000多人，中华书局已经成

为仅次于商务印书馆的第二大民营出版机构，从抗日战争全面爆发到抗战胜利，中华书局共出版教科图书435种。❶

一、活字设计研发与印刷技术革新

1. 引进印刷技术支持出版

20世纪上半叶，中华书局是中国国内规模上仅次于商务印书馆的大型出版机构，中华书局出版的教科书、学术书和工具书都是销量大、重印率高、持续性强的出版项目，有效地支撑了该机构对于印刷技术的资本投入，机构在起步时通过并购其他小型印刷出版机构，如民立图书公司、右文印刷所、申新印书局等印刷出版机构，组建起自身的印刷体系。❷1914年，陆费逵已在静安寺路购置建厂基地43亩，1916年建成2层楼房5幢、平房4幢，共有厂房约500间，还建设货栈。1924年，又投资添建了25幢2层楼房和3幢3层楼房，分别作为装订、图版栈房、新添轮转机机房和印刷所办公室❸，其印刷厂曾为上海地区占地面积最大的印刷机构。鉴于商务印书馆1932年在日军轰炸下损失极为惨重，陆费逵决定将原来集中式的印刷所，转变为分散式的印刷机构设置。中华书局在沪、港、津、汉等地区分别建立印刷所，以供应于各地的出版需要。❹

中华书局引进西方各式先进印刷技术以服务于出版事务。自创办不久，中华书局便引进珂罗版、金属版的印刷技术，有针对性地复制出版中国历代书画碑帖作品，后又引进最先进的影印版印刷技术，1934年清代初年殿版铜活字本《古今图书集成》的影印本出版，是中华书局在民国时期最大的古籍整理与出版工程。1928年由舒新城开始主持编纂，并于20世纪30年代中期修订出版了大型工具书《辞海》。1935年，中华书局进一步扩充其上海印刷厂的印刷机器与设备，这一举措对该机构的出版事业提供了极为必要的印刷技术支撑。

中华书局除承印本馆出版物之外，还面向社会与政府承接各类印刷业务。中华书局承印的社会印刷业务中，包括南洋兄弟烟草公司的月份牌、香烟牌等各式商业美术宣传品，以及烟盒包装等，除此之外，该机构还承担了政府的印钞业务，如1934年四川省政府的辅助币券、1935年国民政府

❶ 肖东发，于文：《百年出版文化与中华书局核心价值观》，复旦大学历史系编，《中华书局与中国近现代文化》，上海人民出版社，2013年，第7页。
❷ 李伦新，忻平：《中西汇通 海派文化的传承与创新》，上海大学出版社，2013年，第190页。
❸ 宋应离，袁喜生，刘小敏：《20世纪中国著名编辑出版家研究资料汇辑 第2辑》，河南大学出版社，2005年，第275页。
❹ 李伦新，忻平：《中西汇通 海派文化的传承与创新》，上海大学出版社，2013年，第191页。

的法币，也都是由中华书局印刷厂承印。❶

2. 印刷技术人才的培养

中华书局在印刷人才的培养方面也不遗余力。一方面，中华书局聘请国外印刷专家进行技术培训，如早年重金聘请德国、日本的制版技师驻厂培训学徒，为中国培养了彩色制版、绘石等专业人才。中华书局在印刷制版方面培养的专业人才，如黄凤来、蒋仁寿、郑梅清等人，黄凤来与郑梅清成为上海绘石精细小品制版名手，蒋仁寿从中华书局学成后，应聘海关印刷厂时以名列第一的成绩被录取，郑梅清在分色制版方面极有心得。❷另一方面，中华书局提供资助，将中国的印刷人才送出国门深造。1912年，中华书局选送沈逢吉去日本学习印刷技术，跟随日本著名雕刻家细贝为次郎学习雕刻技术与钞券制版电镀技术。1916年，上海静安寺路总印刷厂竣工。1918年，沈逢吉学成回国后，北京财政部印刷局（前身为清末度支部印刷局）聘请他为雕刻部长。❸1922年，中华书局聘请沈逢吉创设了雕刻课，培养中国钞邮券印刷方面的人才，十年间培养了40多位雕刻人才，❹中华书局培训的印刷专业人才，有赵俊、柳培庆、唐绪华、俞剑云、孔绍惠、刘为祥、路达康、赵曙东等人❺，当时该机构的人才培养机制已经形成一定的规范与运作流程，在众多印刷机构中具有示范性，培养的印刷技术人才对20世纪中国现代印刷技术的提升起重要的促进作用。

3. 铅活字设计与研发

中华书局的创办人陆费逵一直很关注出版领域中的文字与语言问题，早在1905年，陆费逵便曾发表《论设字母学堂》《论日本废弃汉字》等文章，可算是中国改良文字、统一语音运动的先声。陆费逵的观念影响了该机构对字体设计的观念与态度，中华书局并购聚珍仿宋书局，这一举动集合了出版的力量与字体设计的力量，体现了近现代印刷字体设计的创制与推广应用。

1917年，金石书法家丁善之、丁辅之兄弟二人在广泛搜集中国古代宋

❶ 宋应离，袁喜生，刘小敏：《20世纪中国著名编辑出版家研究资料汇辑 第2辑》，河南大学出版社，2005年，第276页。
❷ 李瑞麟：《李叔明在中华书局60年》，中国印刷及设备器材工业协会编，《中国印刷工业人物志》，印刷工业出版社，1993年，第23页。
❸ 孙文雄：《中国凹版雕刻宗师沈逢吉》，中国印刷及设备器材工业协会编，《中国印刷工业人物志》，印刷工业出版社，1993年，第8~9页。
❹ 孙文雄：《中国凹版雕刻宗师沈逢吉》，中国印刷及设备器材工业协会编，《中国印刷工业人物志》，印刷工业出版社，1993年，第9页。
❺ 李瑞麟：《李叔明在中华书局60年》，中国印刷及设备器材工业协会编，《中国印刷工业人物志》，印刷工业出版社，1993年，第22页。

体字版本的基础上设计了聚珍仿宋活体字。1921年，丁氏聘请名刻工徐锡祥、朱义葆两人合刻字模，最终刻成整套聚珍仿宋活字体，该套金属活字的字形以古雅秀丽著称。这一举措也开创了中国近代由独立的个人自行设计刻制金属印刷活字的先例。

丁氏兄弟原本有意愿与商务印书馆合作，但商务印书馆并不愿保留聚珍仿宋的名号，因此最终没能谈拢并购事宜。后来，丁氏兄弟转向与商务印书馆的竞争对手中华书局合作。陆费逵出于对印刷字体的重视，中华书局最终以26000元的价格盘并了聚珍仿宋书局。聚珍仿宋字体的8种铜模铅字都交售给中华书局，并在中华书局内部设聚珍仿宋部，聘请丁辅之负责该部，采用聚珍仿宋体排印书籍。

1921年，中华书局投资用聚珍仿宋体排印了《四部备要》，于1922—1934年间分5集陆续印制出版了聚珍仿宋版的《四部备要》，由高时显辑校，丁辅之监造，全书版式统一，字体美观雅正。这部书所散发的文雅气息与聚珍仿宋字体的选用关系极为密切，如图3-9所示为中华书局用聚珍仿宋活字印制的书籍版面。

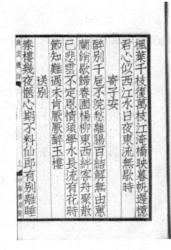

图3-9 《唐女郎鱼玄机诗》（1929年版，周博提供）

在民国时期曾产生过重要影响的另一幅重要的印刷金属活字字体——汉文正楷，也与中华书局有着重要关联。一度担任中华书局美术部主任的郑午昌曾向陆费逵提议创制正楷字模，但没能得到陆费逵的支持，他因此脱离中华书局，自行创办汉文正楷印书局。郑午昌当时参与编印《蜜蜂画报》，由于当时市面上令人满意的正楷体活字较少，只有英商美灵登广告公司的一副常用的五号正楷字，且字模不全，二号字字模则更少，于是郑午昌便决定自己创制一副正楷字模。他请中华书局的同事高云塍缮写正楷字版❶，于1933年制成汉文正楷铜模。之后汉文正楷印书局以出售铅字和铜模为主要业务，汉文正楷字体行销全国（图3-10）。郑午昌从蒋介石在新生活运动中颁布的提倡中国"固有文化"的政令中，敏锐地发现了"最高领导人与他本人思想的某种交集"，并于1935年写了题为"呈请奖励汉文正楷活字板，并请分令各属、各机关相应推用，以资提倡固有文字而振民族观感事"的呈请，郑午昌指出要想发展印刷工业，尤需注意字体的美观度与民族性❷，将正楷字体的设计推广与中国知识分子的爱国志向与民族情怀相结合，使汉文正楷字体得到很好的推广。汉文正楷对后来出现的汉云、华文等正楷字体都产生了直接影响。

综上，中华书局同仁在创制中文印刷字体过程中，丰富了中国近现代印刷字体的形态，并在字形的美观度与规范性上做了重要的探索。

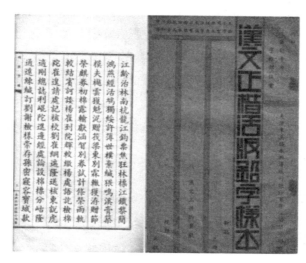

图 3-10　汉文正楷活版铅字样本（周博提供）

二、中华书局的书籍装帧与美术出版

根据中华书局对自身发展脉络的梳理与记载，1914年，中华书局的组织架构已经较为完备，设置了以下分部办事机关❸：

❶ 吴铁声，郑孝适：《郑午昌与汉文正楷印书局》，上海市出版工作者协会《出版史料》编辑组编辑，《出版史料 第1辑》，学林出版社，1982年，第134页。
❷ 周博：《字体家国——汉文正楷与现代中文字体设计中的民族性》，《美术研究》，2013年第1期。
❸ 钱炳寰：《中华书局大事纪要 私营时期（1912—1954）》，中华书局，2002年，第14页。

（1）局长室。

（2）常务董事室。

（3）编辑所（下设：总编辑部、小学部、中学部、英文部、字典部、法政部、图画部、大中华杂志社等各刊物分支机构）。

（4）事务所（下设：总事务部、出版部、推广部、文书课、广告课、学校调查课）

（5）营业所（下设：总务部、会计部、仪器文具部、统计课、簿记课、核算课、寄售课、杂志课、分局事务课、分局发货课、书栈课）。

（6）印刷所［下设：（职员组）账务课、庶务课、工务课、线栈课，（职工组）排版课、铸字课、电铸课、铅印课、装订课，（另行租屋者有）石印印刷部、写真制版部、第二至第九装订部］。

（7）发行所（下设：内账课、外账课、批发课、门市课、文具仪器课、收发课、存储课）。

中华书局的编辑所下设图画部，处理与美术出版和书籍装帧等相关事宜，而事务所下设的广告部则负责机构广告的相关事务。

1928年，中华书局编辑所形成了六部一馆的组织架构：总编辑部、教科部、新书部、古文部、西文部、美术部，以及附属于编辑所的图书馆。

中华书局在机构设置上的迅速完善，借鉴了商务印书馆和日本成熟出版机构的管理与运营体制，有效明确了各部门的职权与工作范围，建立起庞大且条理清晰的现代出版管理制度。

据曾担任编辑所图画部主任的沈子丞回忆，陆费逵很尊重知识分子，聘请梁启超等文化名人在编辑所主编杂志，并对编辑所的人员特别优待。当时中华编辑所每天只需工作六小时，夏天还会有消暑假期[1]，工作环境与氛围良好。中华书局编辑所下设的图画部与美术部等分支机构[2]，负责中华书局出版物的封面和插图等装帧设计事务，完成该机构的美术出版工作，极大地改善了出版领域的图画内容与印刷设计。

1. 美术领域的出版著述与印刷设计

中华书局的美术部门，在该机构于1912年初创之时便已经开始建设。高时显、郑午昌曾先后担任中华书局美术部的主任，编校出版了许多重要美术书籍。

---

[1] 沈子丞：《学画回忆琐谈》，《朵云（第7集）》，上海书画出版社，1985年，第113页。

[2] 从笔者目前查阅的资料中，尚未能断定美术部与图画部之间的先后关系，或者两个分支机构间有何承属关系，大致猜测为，图画部先于美术部而存在，可能是美术部的前身，但又无实证材料下定论，于是根据查阅的材料对两个机构各作分析。

1914年，曾参与中华书局筹建工作且担任常务董事长的高时显[1]进入编辑所，他在编辑所之下成立美术部并担任主任。高时显擅长书画篆刻，一进入美术部便开始采用石版与珂罗版印刷技术来助益出版事业，主持辑校印制字画碑帖等美术出版物。

继高时显之后，郑午昌[2]曾主持过美术部。郑午昌1921年受聘于上海中华书局担任文史编辑，负责编审历史地理教材。后又因其精于书画而于1924年担任美术部主任，并在上海美专担任国画系教授，中华书局出版的美术书籍大多由他征集、鉴审和编印。

西泠印社的创办人之一，负责中华书局印刷所聚珍仿宋部的丁辅之也参与过美术部的相关事务，丁辅之对中国书画的精鉴也助益了中华书局的美术出版。

中华书局曾与上海美专有过多种形式的合作，这两个机构皆在1912年成立，刘海粟与陆费逵有很好的私交。刘海粟通过与中华书局的合作，将美术出版作为推广美术教育的重要手段。中华书局出版了刘海粟编辑的多种美术书籍与画册，以及上海美专其他教师的美术著作与辑录，通过美术出版来丰富中华书局的出版品类。

1932年起，中华书局出版了刘海粟主编的《世界名画集》，每册收入艺术家作品20幅，共出7集，第2集"刘海粟集"为傅雷编，其余6集推介国外印象派画家，皆为刘海粟编，书籍设计简洁有力。除此之外，中华书局还曾出版郑午昌的《中国画学全史》《齐白石画册》《徐悲鸿画集》等，中华书局的美术出版具有很高的美术价值与研究价值。

中华书局除了图书出版与各式印刷事务之外，还向外拓展了许多其他业务，包括开办文化函授学校，生产文化用品，销售委托艺术与手工艺品等各类事项。1926年，中华书局创办中华函授学校。郑午昌、邹梦禅等中华书局编辑所人员均在其中兼职。中华书局在全国设有40余处分局，每个分局的店堂中多有陈列展示美术家委卖的书画作品。上海美专的画家作品可以通过中华书局所设各处分店渠道订购或委卖，1920年，中华书局在总店设立"学校工场出品部"，陈列展销了各学校师生所创作的工艺物品[3]。1929年，陆费逵与人合资开办中华教育用具制造厂，各种教具中的图画设计也由中华书局的美术编辑负责[4]。

中华书局美术部的美术出版活动在中国近现代出版机构中具有重要的开

[1] 高时显，1878—1952年，高时丰之弟，参与中华书局筹建工作，任常务董事长兼美术部主任，擅长书画篆刻。
[2] 郑午昌，1894—1952年，中国书画家，曾任中华书局美术部主任，首创汉文正楷字模，曾兼任上海美专、中国艺专、国立艺专等教授。
[3] 樊琳：《中华书局、上海美术：从开启民智到美育同盟》，复旦大学历史系编，《中华书局与中国近现代文化》，上海人民出版社，2013年，第48—49页。
[4] 宋应离，袁喜生，刘小敏：《20世纪中国著名编辑出版家研究资料汇辑 第2辑》，河南大学出版社，2005年，第277页。

创性，并由于高时显、郑午昌等辑校严谨的主任主持其事，从而使美术出版在品质与规模上均有良好声誉。中华书局开辟出的各项与美术出版密切相关的周边业务，在为机构增加出版印刷收益与销售利润的同时，也在很大程度上促进了中国近现代美术出版与美术教育。

2. 机构内的书籍装帧与插画创作

中华书局的书籍装帧多由机构内部的美术人员承担，较少与机构外的独立设计师合作。编辑所下设的图画部是负责书籍封面、插图等装帧设计的主要部门，中华书局出版的教科书、不同专业领域的图书以及发行的刊物，都由图画部的人员负责图绘与装帧事务。

根据目前的资料考证，中华书局图画部的主任曾有沈子丞[1]，他于1920年进中华书局，凭借临摹诸家之长而有所成，先是在编辑所图画部当练习生，后来成为图画部主任。当时中华书局对内部人员开放了中华图书馆，其中所藏的典籍、美术图书与画册对于练习生的美术眼界有极大的帮助[2]，后来，沈子丞担任编辑所图画部主任。沈子丞曾与许达年合编《小朋友画报》，中华人民共和国成立前后，中华书局推行电化教育，许多动画及幻灯片都由他撰绘。[3]

中华书局的美术部同仁中，有张大千的弟子刘开申[4]，以及赵蓝天、余一辰、严个凡、陈青如等人，他们负责画插图等事项，还有唐驼、高云塍、邹梦禅、杨亦农等书法家。[5]

在图书封面与内页插图绘制上，美术部有一支实力雄厚的美术编辑队伍。刘开申曾为中华书局1936年出版的、由吕伯攸编纂的《小学低年级自然副课本》绘制了《秋天有什么》《怎样过冬》等主题插图[6]。赵蓝天曾在上海有正书局绘制书籍插图，1923—1952年在上海中华书局儿童文学部专门为儿童文学书籍和《小朋友》画报绘制封面和插图等[7]。严个凡于1922年随父亲严工上来到上海，他是精通中国音律乐器的知名作曲

---

❶ 沈子丞，1904—1996年，浙江嘉兴人，早年就职于中华书局，后为上海市文史馆研究员，上海中国画院画师。载于《海宁典藏》（下册，书画卷），海宁市文化广电新闻出版局编，2008。

❷ 沈子丞，《学画回忆琐谈》，《朵云》（第7集），上海书画出版社，1985，第113页。

❸ 吴铁声：《我所知道的中华人》，张忧石等编，《学林漫录》，中华书局，1981年，第37页。吴铁声文章中还提及沈子丞1952年离开中华书局，在上海画院任职。

❹ 刘侃生，1908—1994年，笔名刘开申、刘莲孙，国画家。早年毕业于上海美术专科学校，先后师从苏人权、樊少云与张大千等名师。曾于1929年赴南京市教育局任美术编辑。载于王樟松编著的《画中桐庐》，西泠印社出版社，2015年，第213页。

❺ 吴铁声：《我所知道的中华人》，张忧石等编，载于《学林漫录》，中华书局，1981年，第38页。

❻ 北京图书馆，人民教育出版社图书馆合编，《民国时期总书目1911—1949中小学教材》，书目文献出版社，1995年，第132页。

❼ 赵蓝天，1893—1963年，1910年南京金陵大学肄业，1915年起自学绘画，1920—1922年在上海有正书局绘制书籍插图，1923—1952年在上海中华书局儿童文学部专门为儿童文学书籍和《小朋友》画报绘制封面和插图，载于《中国美术大辞典》，沈柔坚、邵洛羊总主编，上海辞书出版社，2002年，第177页。

家，在中华书局美术部供职，擅长绘制图画。余一辰于1918年曾为《新世界画报》绘制画稿[1]，为中华书局出版的书籍设计封面，绘制插图。《新中华》杂志上的封面字"新中华"三字，便是余一辰从魏张猛龙碑集结而来[2]。

中华书局的美术部云集一批在金石书画上很有造诣的人物。邹梦禅[3]1929年考入中华书局从事编辑工作，多次为中华书局出版的书籍封面题字，还担任中华书局开办的书法函授学校的教师。中华书局的《辞海》于1936年出版时，书的题名便是邹梦禅从《石门颂》和《桐柏庙碑》中选取的"辞海"二字[4]。高云塍为中华教科书缮写正楷字版，还出版了《高书小楷》《高书大楷》等习字帖[5]。唐驼于1906年加入中国图书公司，中国图书公司曾与商务印书馆在教科书领域竞争激烈，中华书局的楷书牌匾为唐驼手书，中国图书公司后来并入中华书局，唐驼也进入中华书局印刷所担任副所长。

中华书局出版的《新文艺丛书》的装帧设计，便出自于中华书局内部的美术编辑之手。中华书局出版了《中华教育界》《中华小说界》《中华实业界》《中华童子界》《中华儿童画报》《大中华》《中华妇女界》《中华学生界》等八大杂志[6]也由美术部同仁负责相关装帧工作。八大杂志形成了中华书局在报刊出版领域的矩阵，与商务印书馆的报刊出版展开竞争。

中华书局1915年创办的《大中华》，由梁启超担任主编，杂志一创刊便展开与《东方杂志》分庭抗礼之态势。1934年，中华书局又创办《新中华》，陈望道、巴金、郁达夫、傅雷、丰子恺、杨宪益等人均为当时撰稿学者。《新中华》第一期便发行量过万，可见杂志的号召力与影响力，成为重要的文化阵地。

除此之外，1921年聚珍仿宋印书局并入中华书局后，于1922至1934年间分五集陆续印制出版了聚珍仿宋版的《四部备要》，全书版式统一，字体美观雅正。中华书局出版的图书参与国际展会时，展出的印刷品屡次得奖。

---

[1] 王震：《二十世纪上海美术年表》，上海书画出版社，2005年，第81页。

[2] 彭卫国：《老杂志创刊号赏真 上》，河北教育出版社，2010年，第252页。

[3] 邹梦禅，1905—1986年，书法家，其书法淳古厚朴，有金石气。历任新华艺专教授及中华书局编辑，主编《辞海》。1924年在浙江图书馆工作，由丁辅之介绍成为西泠印社会员，1929年考入中华书局从事编辑工作，多次为中华书局出版的书籍封面题字，担任中华书局开办的书法函授学校教师。抗战爆发后，失去中华书局工作，在上海光夏中学任教师。载于《流淌的人文情怀 近现代名人墨记 四》，李勇，闫巍著，东方出版中心，2016年。

[4] 李勇，闫巍：《流淌的人文情怀 近现代名人墨记 四》，东方出版中心，2016年，第19页。

[5] 吴铁声，郑孝达：《郑午昌与汉文正楷印书局》，上海市出版工作者协会《出版史料》编辑组编辑，《出版史料 第1辑》，学林出版社，1982年，第134页。

[6] 至1918年左右，除《中华教育界》之外，其他7种杂志均已停办。

中华书局的《辞海》自1915年开始编撰，先后经历范源廉、徐元诰、舒新城等主编，在舒新城的主持下，《辞海》1936年出版了上册，1937年6月出版了下册，全书共计700万字。这是中国国内"第一部按部首编排，以文带词，兼有语言辞典与百科辞典性质的综合性大辞典。"❶书的题名，便是由邹梦禅从《石门颂》和《桐柏庙碑》中选取的"辞海"二字。

《小朋友》周刊是中国近代历史上出版时间最长的儿童刊物，很有影响力。该杂志由陆费逵总揽全局，负责印刷和发行；黎锦晖主持编辑事务❷，参与周刊策划的还有王人路❸、陆衣言、黎明等中华书局的编辑人员。在分工上，陆衣言管理排校，王人路则负责美术编辑绘制插图，除此之外，美术部的赵蓝天、黄文农等人也参与《小朋友》周刊的封面与插图编绘，如图3-11所示。

（a）   （b）

图3-11 《小朋友》周刊（1922年第一期）

（a）创刊号封面；（b）文艺图

中华书局于1922年出版的《小朋友》杂志，与商务印书馆于1922年1月创刊的《儿童世界》周刊相抗衡。《小朋友》周刊以"陶冶儿童性情，增进儿童智慧"为宗旨，印刷精美，采用彩色石版技术印刷封面，周刊一面世便深受当时的家长欢迎，创刊号的发行量高达20万份❹，杂志一炮打响，每年春夏秋冬四季加印特刊。

❶ 俞筱尧，刘彦捷：《陆费逵与中华书局》，中华书局，2002年，第248页。
❷ 黎锦晖、吴翰云、赵伯衡、黄衣青等人曾先后担任《小朋友》周刊主编。
❸ 王人路，湖南长沙人，1919年五卅运动后从家乡到了上海，进中华书局时年仅17岁，后在中华书局当美术编辑，1948年病逝。通过《民国风华——我的父亲黎锦晖》（黎遂，团结出版社，2011年）一书整理。
❹ 俞筱尧，刘彦捷：《陆费逵与中华书局》，中华书局，2002年，第245~246页。

《小朋友》周刊在杂志的编排上颇具特色，设计了形式多样的栏目，先后采用过横排本与直排本两种不同的版式。在版面的图文编排上也有所开创，形成一种"文艺图"的模式，一首小诗配上一幅简洁的插图，形成一个完整的版面，清秀而易懂，符合儿童图书的阅读定位。

三、教科书出版与设计

中华书局最早凭借出版教科书而创建机构，并在出版业界打响名气。陆费逵18岁便尝试办书店，曾担任《楚报》主笔，以书报行革命志向，他先后在文明书局和商务印书馆等机构任职，对于出版行业的编辑、印刷与发行事务均十分精熟，为了实现"教育救国"的理想而去建立自己的出版事业，"教科书革命"便是他的教育思想的核心理论。❶

在此之前，中国教科书市场的绝大部分份额均由商务印书馆编纂的《最新教科书》所占据，中华民国成立后，原先由清政府审定的部分教材内容已经不符合共和国体制下的新教育宗旨，适应新政体的教科书尚未有机构出版，一时间出现了市场的真空。辛亥革命成功后，中华书局率先提出"教科书革命"，编校出版适应革命后社会内容的《中华教科书》，从而抢占市场先机，获得发展机会。

辛亥革命前夕，陆费逵便开始准备革命后适用的教科书。1912年元旦，中华民国临时政府成立，中华书局也在同一时间成立。陆费逵祭起了"教育革命"的大旗，并以"教科书革命"为先声，打出"完全华商自办"的口号。1912年2月，中华教科书便开始及时且迅速地陆续出版，一炮打响。商务印书馆对此并无准备，未能对其出版的教科书内容作及时调整，导致原先出版的教科书落后过时，无人问津。陆费逵对政治时局的敏锐判断力，使中华书局在这次时代转换背景之下的教科书出版竞争中胜出，从此打破商务印书馆在教科书市场上一家独大的局面，形成中国近现代教科书市场上的竞争场面。

在《中华书局宣言》中，陆费逵谈及创办出版机构的初衷："立国根本，在乎教育。教育根本，实在教科书。教育不革命，国基终无由巩固。教科书不革命，教育目的终不能达也。……兹将本局宗旨四大纲列下：一、养成中华共和国国民。二、并采人道主义、政治主义、军国民主义。

❶ 肖东发，于文：《百年出版文化与中华书局核心价值观》，复旦大学历史系编，《中华书局与中国近现代文化》，上海人民出版社，2013年，第5页。

三、注重实际教育。四、融合国粹欧化。"❶

　　该机构提出以教科书革命来带动中国的教育革命，将中国国粹与西方新学相结合，以达成为中国培养合格国民的目标。凭借对教科书出版的敏锐市场观察，中华书局新编的《中华教科书》出版后迅速抢占了国内的教科书市场，戴克敦、舒新城两任中华书局编辑所所长都重视教科书的编辑与出版工作，中华书局出版的教科书成为向民众传播新知识的重要途径，参与了中国20世纪初的社会启蒙运动。

　　1913年，中华书局迅速在天津、广州、汉口、南京等地设立分局，1915年开办了印刷厂，到1916年，全国各地的分局达20余处。中华书局迅速成长为有能力与商务印书局展开竞争的出版印刷机构。中华书局创建之初，受商务印书馆的机构设计模式影响，设有编辑、印刷、发行、总务等4个所。与商务印书馆一样，中华书局最早的编辑所是为教科书出版集结起来的。中华书局为编纂教科书而迅速集结起一支编辑队伍，其中既有原在商务印书馆从事教科书编纂活动的人员，也有留学于日本、美国等国家的新式知识分子。

　　中华书局与文人学者保持良好的合作关系，该机构从不拖欠版税、稿酬，甚至允许作者借支稿酬。陆费逵在《书业商之修养》一文中谈到："书业商的人格，可以算是最高尚最宝贵的，也可以算是最卑鄙最龌龊的。此两者之区别，惟在良心上一念之差……"❷他很强调出版者的道德与良心，奠定了中华书局的出版基调。

　　在教育理念上，陆费逵与蔡元培有很多共识，陆费逵在商务印书馆工作时间便曾与蔡元培沟通过教育观念，针对中国当时所处的新旧更替的具体教育环境，陆费逵提出在教科书编写时应摒弃"忠孝为本"，以"养成独立、自尊、自由、平等、勤俭、武勇、绵密、活泼之国民"。❸

　　1912年，中华书局出版的《中华教科书》由于教材内容符合新政体要求，并且适逢中华民国的小学在春季即将开学，一时间几乎独占中国教科书市场。中华书局出版的初等小学教科书，1912年2月初版，1913年6月已经是第62版印刷，可见市场需求量极大。❹

　　这套教科书在内容上，符合中华民国新政体的教育政策，《中华教科书》的内容突出地反映了革命的胜利与共和政体的建立，不仅重视知识的传授，而且重视思想情感的培养。宣扬爱国主义思想，激发儿童爱国情

❶《中华书局宣言书》，载于《申报》，1912年2月23日。转引自肖建军，《中国旧书局》，金城出版社，2014年。
❷ 樊琳：《中华书局、上海美术：从开启民智到美育同盟》，载于《中华书局与中国近现代文化》，复旦大学历史系编，上海人民出版社，2013年，第42页。
❸ 石鸥：《百年中国教科书论》，湖南师范大学出版社，2013年，第185页。
❹ 石鸥：《百年中国教科书论》，湖南师范大学出版社，2013年，第177页。

感，在选材方面注重实用和科技知识的介绍，内容上反映了社会变迁，倡导新思想、新生活、新视野，高等小学内容较深，小学教科书里首次出现英语教科书及国民读本。[1]

在装帧上采用右侧环筒页装，初等小学的课文强调图文并茂，字大图清，高云塍等书法家曾为中华教科书缮写正楷字的版面。但这套教科书整体来说，为赶工期，占领市场，编印匆忙，形式规范上并不太一致。[2]中华书局的教科书出版从一个侧面反映了中国近现代出版业逐渐实现出版产业化的历史进程。教科书的出版应置于现代性启蒙的大时代背景之下来分析与论述，现代设计也参与到这一现代性启蒙的过程之中。

1931年8月11日《申报》刊载："上海的出版业、贩卖图书业、铅印业、彩印业、墨色石印业、装订业工人共计不过2万人。"1932年，日军侵华，上海闸北一带的印刷业受到重创，商务印书馆的东方图书馆和印刷厂总厂均毁于炮火，世界书局印刷厂被日军占用，上海地区仅剩余40家印刷厂，直到20世纪30年代中期才渐渐恢复元气。

好景不长，1930年代末，社会动荡与战争的逼近使印刷出版业受到极大的影响。抗日战争爆发后，大批出版印刷企业撤离上海。1939年出版的《上海产业与上海职工》记载："当时上海印刷工人差不多在一万二三千人以上。分布的情形大约是：商务有三千多人，占25%，中华一千多人；其他各个比较小的铅印出版单位合计五千多人；报界五百人左右；西商铅印零件三四百人以上"[3]上海印刷业从业人员数量的变化也从一个侧面反映了行业随着战争爆发与停歇、社会动乱与稳定而出现相应调整。

综上，中华书局是集编辑、出版、印刷、发行等事务为一体的大型文化出版机构，中华书局的出版人同时也是教育家和社会活动家。先进的印刷技术、健全的出版体制、集聚的人才和雄厚的资本形成了一股合力，显著提升了中国近现代出版事业，中华书局的美术部对中国近现代印刷设计文化也具有重要的促进作用。

葛兆光认为，中华书局在出版史上具有特殊的地位。1895年马关条约的签订是中国思想史与文化史中的一个重要的时间节点，从那时起一直到1919年五四新文化运动的开展，这一时期是中国从传统向现代转型的"关键历史时间"。这一时期出现的现代教育机构、新式结社以及以期刊报纸和新式小说出版为主流的现代出版业的形成，都对当时的知识分子和整体社会形成了极大的震撼与影响。[4]

[1] 石鸥：《百年中国教科书论》，湖南师范大学出版社，2013年，第185页。
[2] 石鸥：《百年中国教科书论》，湖南师范大学出版社，2013年，第184页。
[3] 上海地方志办公室，《上海出版志》，第五篇书刊印刷，第六章印刷职工队伍，第一节职工队伍的形成与发展。
[4] 葛兆光：《序》，复旦大学历史系编，《中华书局与中国近现代文化》，上海人民出版社，2013年，第1~2页。

第四章

设计师出版与印刷设计

第一节 设计师出版的概念界定

20世纪初，相对宽松的出版政策与社会环境，使出版机构的创建与报刊杂志的出版呈现云涌井喷旋起旋灭的局面。上海作为中国近现代出版业的核心重镇，除了商务印书馆、中华书局等大型印刷出版机构之外，还涌现出许多小型独立出版机构。

与前面讨论的大型出版机构的印刷设计体制不同，小型的独立出版机构相当于今天所说的"个体户"，其设计体制是与商务印书馆和中华书局这类大型"托拉斯机构"相对的另一端，具有零散、自负盈亏、小规模、灵活运营的特征，呈现出更为多元化的机构设置，通过与独立设计师的合作，展现出更为多元化的出版设计风格与文化面貌。20世纪初，在上海以邵洵美为主导的时代图书公司、章锡琛创办的万叶书店、孙雪泥创办的生生美术公司等，便是独立出版机构的代表。

作者将小型出版机构与独立设计师之间的松散而灵活的合作关系，定义为"设计师出版"。设计师出版与中国近现代历史进程中知识分子对于文化现代性的自觉追求之间存在着深切的关联。

这一章选择以张光宇与钱君匋两位在中国本土的社会文化环境中成长的设计师为主要论述对象。张光宇作为设计师出版的典型案例，张光宇、叶浅予等人与邵洵美合作的漫画与画报出版，形成设计团体在印刷设计领域进行现代风格的探索；而钱君匋作为中国首个以书籍装帧为职业的设计师，成为设计师主体意识萌发与设计师职业化考察的重要案例。

虽然他们在具体的设计风格上存在极大的差异，但在这些独立设计师与出版家身上，都有着传播新思想与新文化的强烈的时代使命感。从文化现代性的角度来谈，设计师出版有着对现代、进步与革命等主题的自觉探索，对跨文化的交流与融合体现出大胆的尝试，体现了对审美现代性的主动探索。风格的模仿是早期设计师出版探索的一个重要手段，但更为关键的问题在于这些变革者从对西方现代艺术与文化的借鉴中，加入了中国特有的时代语境与社会文化因素，外来的文化与设计元素和国家、民族、传统、地域乃至时代的特有资源与固有因素相结合，形成了20世纪上半叶设计师出版的独特面貌。

一、进步报刊推动社会公共领域构建

近现代的印刷出版活动促进了中国现代出版人群体的产生，中国的公共舆论环境在不断涌现的报刊杂志中迅速构建起来。出版自由的观念随着西方现代印刷技术而传入中国，从19世纪初以来，西方传教士与商人出于宗教宣传与商业获利的目的在中国创办报刊。1861—1872年出版的《上海新报》是上海最早发布商业新闻的报纸，由英国人创办，后被英国商人美查（Ernest Major）于1872年创办的《申报》所代替，《申报》馆成为提供商业信息的出版机构，同类报刊逐渐增多，1882年创刊的《字林沪报》，1893年创刊的《新闻报》成为《申报》的重要竞争者，西方人在中国的出版活动从客观上影响了中国本土印刷出版行业的管理逻辑，促进中国人产生了参与出版印刷产业的意愿，西方传入的先进印刷技术提供了必要的物质条件与技术基础。

早期在中国从事报刊编辑的群体为士绅阶层。清末民初这一时期的报刊可谓"精英报刊"，由于刊发的言论在社会上受到大众的尊重，改革社会的新思想与新言论得到广泛的传播，这些报刊也被称为政治报刊。1873年，王韬在香港创办《循环日报》，但当时为了报纸的存活，其商业版面为其他版面的两倍。1896年《时务报》创刊。

晚清的报刊出版为政治改革者提供了向大众传播言论的重要阵地，如以梁启超为首的《时报》编辑群体，在20世纪初进步报刊编辑团体里极具代表性；陈独秀创办的《新青年》，体现了中国近代知识分子在对新文化与新思想的宣传过程中，也革新了中国报刊的设计面貌。

1.《时报》：进步报刊与版式创新

《时报》由狄葆贤于1904年创刊，其宗旨是"改革承载舆论的媒体"❶，相信印刷媒介能够生产传播文化价值与思想观念，主笔狄葆贤、陈冷、雷奋、包天笑、林康侯等人皆是文人出身。《时报》一直出版到1939

---

❶ [加] 季加珍著，王樊一婧译：《印刷与政治：〈时报〉与晚清中国的改革文化》，广西师范大学出版社，2015年，第47页。

年。《时报》创刊之前，《苏报》案曾使革命党与清政府间产生激烈冲突。《时报》继承了《苏报》对社会现实进行舆论针砭的做法，在内容上以内容精悍短小的"时评"最具创新，拟出吸引人的新闻标题，影响大众的观念与意识。

《时报》在报纸的版式和版面设计上有所创新，一改之前的中国报纸以书册形式印刷，采用了对开报纸双面印刷的形式。为了使版面生动，《时报》引入专栏，在标题字体上做了许多灵活的字体变动。根据新闻内容的重要性，采用6种不同的字号和字体来处理。1907年，《时报》版面从两大张扩充为三大张，还插入漫画来活跃版面。《时报》在中国报林中首创文艺副刊，胡适认为这是《时报》的重要贡献之一，"是为中国日报界开辟一种带文学兴趣的附张"❶。

上海这座城市为出版活动提供了治外法权的保护，西方引进的新式印刷机器与进口新闻纸是办报的印刷条件。《时报》在内容创新与版式创新上，都引起了其他报纸的追随与模仿。

2.《新青年》：新思想与新视觉

中国近现代知识分子发起的文艺复兴思潮中，印刷媒介起了重要的推动作用。新文化运动发源于上海，1915年9月，陈独秀的《青年杂志》（图4-1）在上海创刊，标志着新文化运动的兴起，把"科学与民主作为一套崭新的世界观和价值体系确立起来，使之成为新文化的基础。"❷1916年袁世凯逝世，北京的政治文化氛围有所改善，蔡元培任职北京大学校长，陈独秀将杂志迁往北京出版并从第2卷第1期开始改名为《新青年》（图4-2），傅斯年等人继而出版《新潮》杂志来积极响应《新青年》提倡的文学革命，北京大学成为宣扬新思想与新文化的前沿阵地，避居上海的知识分子纷纷回到北京试图实现自身抱负。1919年"五四运动"爆发，北京的高压政治气氛迫使蔡元培、陈独秀等人纷纷回到上海，新文化运动的重心重新回到上海。"五四运动"在上海引起了巨大反响，马克思主义思想在上海迅速引进与传播，《新青年》成为中国共产主义运动的宣传工具，中国共产党在紧锣密鼓的筹划中于1921年成立，产业工人大罢工、商人罢市等举动积极响应进步知识分子的号召，无产阶级开始登上历史舞台。

1916年，李大钊在《新青年》上发表了《青春》一文，颂扬"今之

❶ 钱仲联：《中国文学大辞典》，上海辞书出版社，1997年，第1525页。
❷ 熊月之：《上海通史·第十卷·民国文化》，上海人民出版社，1999年，第7页。

人类之问题，民族之问题，苟非残存之问题，乃复活更生，回春再造之问题"。

陈独秀在《新青年》上发表《新文化运动是什么？》一文，呼吁新文化运动应重视美育问题，"社会没有美术，所以社会是干枯的"美术应由一个国家的人民亲自去创造。陈独秀通过《新青年》杂志的出版活动，践行其对于美育的理念。

《新青年》作为新文化运动的标志，继承了《东方杂志》所开创的洋装杂志视觉经验，该杂志所采用的印刷方式、封面与内页的版式特点均影响了后来出版的进步刊物。

《新青年》的前身《青年杂志》，以"青年"命名的杂志，与梁启超的"少年中国"学派相呼应。1902年，梁启超作《少年中国说》，指出封建统治之下的中国是"老大帝国"，而中国的进步人士迫切希望出现"少年中国"，青年人的朝气蓬勃与一个国家欣荣向上的面貌具有一致性。陈独秀的《青年杂志》以"青年"命名，通过"青年"的面貌与状态来意喻当时进步知识分子对于国家复兴的热切期望。

改名后的《新青年》受法国新艺术运动影响的痕迹较为明显，封面上中文与外文混排，采用法文与"青年"对译，目录用曲线边框作装饰。一些学者认为《新青年》"开启中国平面设计的现代意识。"版面设计上也更为简练，在内文版式上突破了传统的纵向排版，进行横向的中文排版❶，在中国现代杂志中开创了以对页为单位的版面形式。

1917年，陈独秀受蔡元培邀请任北京大学文科学长，将《新青年》编辑部迁至北京，1922年《新青年》停刊。纵览该杂志的出版历程，《新青年》在设计上借鉴了西方现代杂志

图 4-1　《青年杂志》

图 4-2　《新青年》

图 4-3　《新潮》

❶ 邹海东：《〈新青年〉设计与中国平面设计的现代意识》，《装饰》，2009 年第 7 期。

的装帧与版式特征，呈现了中国近现代印刷设计的开创性。

与《新青年》在出版主张上相似的，还有《少年中国》与《新潮》等杂志。少年中国学会于1919年7月创刊的《少年中国》❶为16开的综合期刊，成为当时进步期刊的典型。

1919年1月，《新潮》（图4-3）在北京大学创刊，傅斯年、罗家伦和杨振声担任编辑，俞平伯任干事，该杂志由于极受欢迎，仅一个月就重印3次。杂志封面上，以"新潮"中文为视觉中心，封面上的英文名为The Renaissance，即西方的文艺复兴，《新潮》成为新文化运动的代表性刊物。该杂志从第2卷第5号起，由周作人为主编，毛子水、顾颉刚、陈达材与孙伏园担任编辑，由于资金周转困难，供稿人多在国外交稿时间不稳定等原因，于1922年终刊，存活3年，共出版12期，但在文学与思想领域形成了极大的影响。

综上，进步报刊的出版活动集中呈现了20世纪初中国社会在出版自由与舆论自由方面的情况，《时报》《新青年》《新潮》等报刊服务于其宣扬"科学"与"进步"思想的初衷，参与到公共舆论的构建过程之中；在版面设计、字体设计、图文关系、辅助图案设计等方面所展现的探索与革新，形成了20世纪初进步观念的视觉呈现，带动中国近现代印刷设计的发展。

二、世界视野与传播愿景

汉学家史景迁在《追寻现代中国》一书中对20世纪初的中国社会有如此评价："那时的中国处于一个之前和至今没有再出现的时代——一个全世界知识分子都纷至沓来的时代。"当时萧伯纳、罗素、杜威等西方著名学者纷纷来中国交流讲学，在中国社会制度产生颠覆性变化的同时，中国被迫向西方打开了国门，也因此开阔了国人的视野与眼界。中国出现了历史上规模最大的留学潮，许多有志向的中国人出去看世界，留学欧美、日本等地，归国后参与各领域的国家建设。办出版、编报刊也在中西文化交流的语境中，出现了许多新文化的因素。中西文化交流对印刷设计产生了极大的影响，引入新观念与新元素，传统的、民族的元素与西方的、现代的元素相互碰撞，产生化学反应，催生了"海派"设计风格，这一现象与东西方文化的交融密切相关，异质文明的碰撞与融合，最终产生了独特的面貌。

中国近现代印刷设计体制研究（1840—1949）

❶《少年中国》于1924年5月停刊，共出版四卷四十八期。

1. 西方文化的传入与设计接受

1920—1930年是中西文化交流十分频繁密切的时期，世界各地的著名文化人士纷纷拜访上海，甚至驻足上海从事文化事业。1920年罗素访华，1933年萧伯纳访华，1935年墨西哥漫画家珂弗罗皮斯访华等交流活动使象征主义、唯美主义、构成主义、表现主义、自然主义、现实主义等西方前沿文艺思潮几乎都在上海迅速"着陆"，文艺界因此掀起一阵阵波澜，从对外国名家名作不遗余力的推介、对作品创作手法及思想的借鉴与讨论，到对中西文化从本质、宏观、微观层面的比对与反思，使上海在文化结构与思想维度上趋于多元化，商业美术活动因此呈现出多维的风格面貌。

许多创作者从西方文化与艺术思潮中汲取能量来丰富自身的创作内容，江小鹣（曾留学法国）为徐志摩的新诗集《自剖》（图4-4）设计的封面，为突出自我反省与剖析的意味，封面正中高耸而尖锐的三角形将一张抽象人脸进行分解。江小鹣曾留学法国，在创作中借鉴立体派风格，毕加索的创作风格影响了江小鹣的封面设计，丰富了这一时期中国书籍封面设计的面貌。

除此之外，苏联构成主义对中国书籍设计的影响在开明书店、天马书店、北新书店等出版机构的先进书籍刊物中均有鲜明的体现。

图4-4 《自剖》封面

2. 地域文化对印刷设计的影响

19世纪末20世纪初，西方新闻画报中对于中国的报道，便是在他者眼光之下对图像与文字的内容进行筛选与创制，充满了偏见与套式（stereotype❶）。许多印刷设计的从业者也着意于发掘中国传统文化元素，并将之与西方现代印刷出版技术相结合。

闻一多为徐志摩设计的《猛虎集》封面，并非采用写实具象的猛虎形象，而是以黄底黑水墨笔画来呈现虎皮的意象，这种表现方式既具东方意韵，又受到西方构成理论的影响。简朴遒劲的写意笔墨铺排出一张虎皮的气势，是中国传统绘画与书法形式应用在现代平面设计

❶stereotype 的英文本意为铅版浇注法，后来的意义延伸为"刻板印象""套式""陈规"。

上的探索。鲁迅为高长虹的书籍《心的探险》所作的封面设计，灵动而古朴的造型灵感来源于汉代石刻艺术，这与20世纪20年代考古界对南阳画像石的发掘与保护有很大的关系，鲁迅主张对其加以保护。东方与西方之间的界限被巧妙地打破，传统与现代相互融合，这些现象通过商业美术设计先驱者的实践而得以生动地显现。

　　1932年1月18日，日军进攻上海，商务印书馆的许多馆舍与东方图书馆都被炸毁。1937年，日本全面侵华使中国的印刷出版业遭受了严重的打击。不到半年间，北京、天津、上海、南京等重要城市均被日军所占，国民政府由南京迁往重庆，印刷业与其他行业均遭受重创。北平当时中国规模最大的印刷企业财政部印刷局，被日军控制后印刷伪钞，上海许多印刷机构被破坏，被迫停工。日本侵华期间，国统区的印刷业由上海、南京等沿海大城市向内地迁移，使得原先印刷业并不发达的内陆城市有了迅速的发展，重庆、桂林、昆明、贵阳、成都、南宁、衡阳、邵阳及赣州等城市的印刷业均发展起来，战争在客观上拓展了中国印刷出版业的普及范围。❶

　　1936年4月15日出版的《通俗文化》第3卷第7号（图4-5），封面是米勒《播种者》的素描画。良友图书公司出版的书籍，环衬页上绘印的也是米勒播种者的形象。"播种"在20世纪初成为一个特定的动作，它与中国社会对启蒙的渴望与对知识传播的热情紧密联系在一起。

图4-5　《通俗文化》第3卷第7号

❶ 曲德森：《中国印刷发展史图鉴》，山西教育出版社，2013年，第580页。

三、设计师的出版设计实践

1. 设计师出版的独立性

设计师出版体现了中国近现代知识分子与设计师合作的印刷设计体制的基本特征。从定义上来说，设计师出版指的是独立设计师以个人或团体的形式参与到小型独立出版机构的设计活动中，形成一定的合作联系，但又保持自身相对独立性的一种印刷设计体制。独立性既是小型出版机构在从事文化出版事务时的重要特征，也是设计师参与到独立出版机构中从事印刷设计的重要特性。

小型独立出版机构与商务印书馆、中华书局等大型出版机构之间存在多方面的区别，在机构规模、运营模式、从事出版活动的目标与方向、出版物的题材与内容等方面，均有较大的差异。小型独立出版机构一般为私人资本的投入，在人员建制方面相对较为简单，机构中的人员存在身兼数职的情况，他们既是投资人，又是设计师，同时还负责刊物的发行与销售监控。出版物的主题策划与机构创办人的知识背景密切相关，在考虑市场需求与大众倾向的同时，更多地与机构中的重要文化人物的文化与审美偏好密切相关。机构精小，可谓"船小好调头"，在出版选题与内容上均便于做灵活的调整与更新。因而，独立出版机构对20世纪初的文艺传播具有重要的文化影响力，而设计师参与独立出版机构的印刷设计，也决定了这些机构的印刷设计所呈现的独特面貌。

因此，设计师出版呈现出快捷、灵活、新颖的印刷设计特点，更多地彰显了设计师的个性，发挥设计师的个人审美偏好对中国近现代印刷设计风格的影响，许多崭新的、现代的、有趣的印刷设计，皆从设计师出版开始尝试。

设计师出版对于印刷设计的影响，在探索性、创新性、灵活性方面表现得更为明显。张光宇与钱君匋是两位在中国本土环境中成长起来并取得重要艺术成就的设计师，他们虽然并未留学出国，但在上海这一海派文化的浸润之下，结合设计师的个人旨趣与喜好，展现了设计师的文化独立性，呈现了具有中国风格的现代设计探索。

2. 整体文艺观的塑造与表现

在20世纪上半叶动荡的时局之下，中国文艺界各专业领域之间的界限并不十分清晰，很多进步的知识分子身兼数职，由着自身兴趣之所至，参与到各式各样的设计活动之中。在这些与欧洲新艺术运动的整体艺术观念遥相呼应的设计实践中，东方与西方之间的界限被打破，传统与现代相互融合，促成异彩纷呈的文艺景观。

第二节　张光宇的出版设计探索

张光宇是20世纪初在中国探索现代艺术与出版印刷设计创作的重要人物，他投身于20世纪初中国的现代出版潮流中，与当时西方现代艺术与独立出版的探索遥相呼应。夏衍认为张光宇是在中国最早探索装饰艺术的现代艺术家[1]，而黄苗子则称其为中国风格现代艺术之先锋人物。[2]

张光宇原名张登瀛，是张家三兄弟中的老大，因热爱美术离开无锡老家闯荡上海，张家老二曹涵美、老三张正宇都是受到他的影响而走上艺术创作的道路，他被公推为漫画会的领袖，凭借其创作力与号召力集结了鲁少飞、黄文农、叶浅予、丁聪等一批漫画家共同投身于漫画出版事业，以张光宇为首的这一批活跃于上海的本土艺术家被称为"草寇英雄"，也被称为"吉普赛群落"，他们是在上海滩进行艺术创作的冒险家。

张光宇的创作涵盖了漫画、书籍出版、工艺美术、家具与室内环境设计、邮票设计等多个领域，张光宇的漫画设计形成独特的风格特征，他的创作是在融合其所熟知的东西方艺术的基础上形成，他独特的装饰艺术观与20世纪初上海的商业美术环境有着密切的联系，张光宇曾在中央工艺美术学院的课堂上谦虚地说自己"在客观上形成了个人风格"，他对中国近现代出版事业作出重要贡献。

一、草寇英雄：从商业美术学徒到出版行家

早年学艺与工作的阅历将张光宇领入上海的出版文化圈。上海是20世纪初中国经济、思想与文化极其活跃的摩登之城，既是西方文化登陆中国的桥头堡，也是华洋杂处之大熔炉与新世界，中国传统文化与西方

[1] 唐薇，黄大刚：《瞻望张光宇：回忆与研究》，人民美术出版社，2012年。
[2] 唐薇，黄大刚：《瞻望张光宇：回忆与研究》，人民美术出版社，2012年，第22页。

现代文化在上海碰撞，产生新的艺术形态与出版形式。14岁的张光宇初到上海，在新舞台结识名伶张德禄，并受其引荐而拜张聿光为师学习西画技巧，绘制舞台背景画，在"半新半旧的商业美术学徒制度"❶下成长起来。

当时风行上海的各式画报给张光宇留下深刻的视觉印象，吴友如主笔的《点石斋画报》《飞影阁画报》成为其艺术启蒙的重要读物，吴稚晖等人出版的《世界画报》❷因先进的印制技术与开阔的视野格局而令他钦慕不已，画报这一以图画写新闻的时新读物为一代知识分子向民众进行文化启蒙打开了新的思路。

离开新舞台后，张光宇在生生美术公司老板孙雪泥创办的《世界画报》供职担任美术编辑，给著名漫画家丁悚当助手。这一时期，张光宇笔下的钢笔素描人物受到早期画报图像风格的影响，同时丁悚简练生动的漫画风格也给张光宇以启发，他模仿西方画家的钢笔素描作画，开始以"光宇"为笔名发表漫画作品，辗转兼职于《滑稽画报》《小申报》等报刊，在出版界中崭露头角。

20世纪初，照相铜版印刷技术与铅字排印技术取代石版印刷技术而广泛应用于报刊出版，刊载摄影图片的新画报形式很快便风靡上海出版界，张光宇与顾肯夫、陆洁等人1921年创办的《影戏杂志》便采用时新的摄影图像设计肖像封面，虽然杂志仅出版3期，但这本中国电影先驱刊物，在封面与内文版面设计上都进行了新尝试。

张光宇的漫画创作与丰富的出版经验受到上海漫画同仁的认可，1926年他与众漫画家成立漫画会，在20世纪上半叶先后创办了许多漫画刊物和画报，创作了大量的漫画。1928年张光宇与友人创办中国美术刊行社，他身边集结了一批志同道合的艺术家，1925年主编《三日画报》，1928年与叶浅予等人创办的《上海漫画》在上海一炮打响，1929年创刊《时代画报》，1934年与邵洵美等人成立时代图书公司，创办《时代漫画》《万象》等刊物，1935年创办《独立漫画》，为《十日杂志》设计封面，1937年主编《泼克》《抗日画报》，出版《光宇讽刺集》（1936年）完成《西游漫记》（1945年），为《神笔马良》（1955年）、《孔雀姑娘》（1957年）等文学书籍绘制插图，张光宇在投身出版事业的过程中形成其兼容并包而又独具特色的创作风格。

---

❶ 袁熙旸：《非典型设计史》，北京大学出版社，2015年，第235页。
❷ 《世界画报》，1907年创刊。在法国印制而在中国发行，采用照相铜版技术与铅字印刷技术进行排版印刷。

二、"时代派"：设计师的时代使命

20世纪20年代末，上海滩出现一个活跃在工商业美术、画报出版、漫画与摄影领域的创作群体，被称为"时代派"，代表人物有张光宇、张正宇、鲁少飞、黄文农、叶浅予、丁悚、胡考、曹涵美、邵洵美及叶灵凤等人，"时代派"因合作开办时代图书公司而得名。时代图书公司在1934年前后处于全盛时期，发行以《时代》画报为首的七大刊物，"时代派"算是20世纪20—30年代期间，上海商业美术界的一个重要的聚集点，这一群人参与了书籍、报刊出版与美术设计、广告、漫画创作等活动，是当时商业美术界的中心人物。"时代派"成员的言论、活动与作品也是上海20世纪初期商业美术活动处于全盛时期的一个缩影。

20世纪初期，随着《时报》《时事新报》等报刊在上海的发行，"时代""时效"的观念便开始在公众中传播，到了20年代，"时代"和"新时代"作为广泛流行的一个关键词，着重强调一种"生活在一个新时代的感觉，正如'五四'运动的领袖陈独秀所大力宣扬的，界定了现代性的精神风貌"。[1]邵洵美在英国留学时受英国独立出版运动的影响，回国后先后创办了金屋书店、时代图书公司等出版机构，金屋书店出版的《金屋月刊》便体现了唯美主义的影响，这本杂志模仿英国《黄面志》的设计风格，只是封面没有比亚兹莱风格的插图，黄色封面上采用了简洁的文字，封底则刊印叶灵凤绘制的新艺术风格插画广告，以呼应唯美主义的艺术主张。1929年，由时代图书公司创刊的《时代画报》，它的命名既是对当时社会上流行的"时代"这一关键概念的响应，同时作为一本大型综合画报，它的出版发行无疑也促成"时代"这一蕴含浓郁现代性的概念作深入民众的文化传播。

早期的《时代画报》由中国美术刊行社出版，张光宇、张正宇、叶浅予等人在《时代画报》出版之前，都已经积累了丰富的画报出版经验，中国美术刊行社在1928年创刊的《上海漫画》是当时影响很大的漫画期刊，主要发表1926年成立的漫画会成员的作品，但《上海漫画》最初的出版并不是一帆风顺的，在第二次创刊一炮打响之前，编发团队对印刷、市场及内容品质都进行了艰苦的摸索，这为《时代画报》的编辑出版打下良好的基础。

据叶浅予回忆，由于新加坡书商的鼓动，张正宇、张光宇对出版一份能与当时大型畅销画报《良友》相抗衡的综合性画报十分热衷并迅速筹建团队策划出版。《时代画报》创刊于1929年10月，由中国美术刊行社

❶ 李欧梵：《上海摩登——一种新都市文化在中国》，人民文学出版社，第51页。

发行，由张光宇、张正宇、叶灵凤等人
编辑，当时《上海漫画》的编辑部同时
也是《时代画报》的编辑部。《时代画
报》第1卷各期"封面和插页用三色版，
图画和照片用铜版，纸张要求很高，成
本也高。"❶从《上海漫画》上刊登的
《时代画报》第二期广告（图4-6）可
见，其早期编创思路受到《良友》很深
的影响。出版第一期后，中国美术刊行
社便难以负担《上海漫画》与《时代画
报》两份刊物的同时出版，资金周转上
出现了很大的困难，而原《上海漫画》

图4-6　《时代画报》第二期广告

的摄影编辑郎静山、胡伯翔、张珍侯也在这时提出抗议，中国美术刊行社
因此拆伙，资金与人员问题使《上海漫画》于1930年与出版第四期的《时
代画报》合并，并改名为《时代》。紧接着，张正宇请邵洵美与曹涵美出
资入股参与画报的编辑与发行。邵洵美和曹涵美各出2000元，分为5股，
每股800元，邵洵美、曹涵美、张光宇、张正宇、叶浅予都成为时代图书
公司的股东。邵洵美是当时上海文坛的中心人物，而张光宇等人又是美术
界的活跃分子，画报出版对于他们来说，不仅仅限于其他商业美术创作的
劳动或工作赢利的性质，还与画报赢利、畅销获得市场并行不悖的另一个
目标，即不遗余力地传播自身的理念相关，画报人将画报出版视为捕捉时
代命脉的行动，以丰富大众的视野与精神世界为使命。

　　张光宇、张正宇、叶浅予、鲁少飞等人为"时代派"最早的成员，
编辑出版《时代》第一卷。"画报人"也被称为"杂志画家"，他们大
多并非专业美术院校科班出身，不专门以卖画为生，而是在商业美术
活动的锤炼中丰满自身的羽翼，他们被称为"草寇英雄"，或者被称为
"吉普赛群体"❷，这些人工作与收入并不稳定，经常由于工作的需要或
是兴趣的驱使而身兼数职，综合能力很强。张光宇是"时代派"画家的
中心人物，他的创作吸收了西方现代艺术的能量并有深厚的中国民间艺
术与古代美术的积淀，"是同辈中最具思想性与艺术性的结合体"❸。中
国美术刊行社的漫画函授部发布常年招生的广告❹，由张光宇授课。张正
宇创作漫画，但更擅长社会活动与社团经营；叶浅予负责实际编务，也

❶ 邵绡红：《我的爸爸邵洵美》，上海书店出版社，2005年，第62页。
❷ 楚水：《张仃谈张光宇和现代中国装饰艺术》，《美术向导》，1995年第2期。
❸ 叶浅予：《细叙沧桑记流年》，群言出版社，1992年，第34页。
❹ 王震：《20世纪上海美术年表》，上海书画出版社，2005年。

创作漫画；胡考、黄文农等漫画社成员则为刊行社供稿。

《时代画报》在第一期发刊词《时代的使命》中声称：

"诗人悲悼的好梦不长，委纳斯感叹人间的青春易逝。我们要从宇宙的残忍的手中，挽回这将被摧残的一切，使时代的菁华，永远活跃在光明美丽的园地中，不再受到转变的侵蚀。" ❶

《时代的使命》表达出对瞬息变化的时代的感慨，期望通过办画报来挽回一些即将终究要逝去的时光与青春年华，这种情绪与欧洲世纪之交的怀旧思潮相呼应。尽管从一开始"时代派"的追求中便不乏唯美主义的倾向，但漫画创作者身上所秉赋的社会批判与改造精神逐渐体现在刊物的出版中。草创之初，这些怀抱理想的创办者们一方面模仿《良友》的编排体例，另一方面又透出美术家、漫画家办报的特色，画报在页面排版上自由大胆，灵活且注重形式美感。漫画创作中的讽刺与批判精神在画报中以较为温和的面貌出现。叶浅予创作的《王先生》连载漫画也从《上海漫画》移至《时代》画报继续出版。

邵洵美加盟时代图书公司后，将他的文艺主张带入以《时代》画报为首的杂志编辑出版之中。他留学英伦时受唯美主义与象征主义很大的影响，1928年开办金屋书店，1929年创办《金屋月刊》，第一期创刊寄语《色彩与旗帜》中对这一特定时期文艺处于转型动荡的状态作了生动的描述：

"旧的文艺没有力量保持他的地位，新的文艺没有力量巩固他的立场，对外开辟新的门户，则每一个都是见所未见闻所未闻的，甚至他们早已腐臭的，我们还要拿来当新奇眩人。"……"我们绝不承认艺术是有时代性的，我们更不承认艺术可以被别的东西来利用。"

在社会急剧转型，东西方碰撞交融的年代，文学与艺术应当具有何种面貌？这篇文章中也作出了回应：

"我们要打倒浅薄，我们要打倒顽固，我们要打倒有时代观念的工具的文艺，我们要示人们以真正的艺术。……不愿被时代束缚的我们，怎愿被色彩与旗帜来束缚！我们的作品，可以和任何派相像，但决不属于任何派，我们要超过任何派。……我们要用人的力的极点来表现艺术。"

邵洵美早期为艺术而艺术，不带任何功利性的文艺观，到20世纪30年代时他的观念已经有所转变，他结束金屋书店的出版而加盟时代图书公司出版的《时代》画报，虽仍高举唯美的大旗，但却已意味着他的学术探讨与创作更倾向于注重文艺为大众所应用的教育作用。

❶ 郑绩：《摩登有多美：〈时代〉画报与上海的公共空间》，《浙江学刊》，2009年第3期。

《时代》第1卷第12期封二的《重要启事今后三大革新》❶展现了画报在出版过程中的改革与调整："印刷及图版之改良；编制及材料之革新；努力于文字之创建。"并强调增加时事新闻，特请国内外名家评论社会文化之大事，紧随时代的变化而更新其报道，以图有所建设，这些都表明《时代》的创办者们关注社会、关注民生的自觉意识。

邵洵美在《时代》画报第6卷第12期❷发表的《画报在文化界的地位》一文，颇能代表"时代派"对画报的看法：

"办画报的目的，是使人感到，这是一种快乐（指读这种读物），而不是一种工作。我们要增加识字的人对读物的兴味，我们要使不识字的人，可以从图画里得到相当的知识。这时候，画报的功绩是多么伟大。因此我们要先养成一般人对于读书的习惯。"

图像的传播比文字更通俗、更直接、更广泛，因而"时代派"以培养大众的阅读习惯作为画报的使命，将画报出版作为对大众起教育与启蒙作用的一种有效手段，在当时的出版业中是具有积极意义的。

时代图书公司先后经营的刊物共有9份，依次为《时代》画报（1929—1937年）、《论语》（1932—1937年，1946—1949年）、《十日谈》（1933—1934年）、《时代漫画》（1934—1937年）、《万象》画报（1934—1935年）、《时代电影》（1934—1937年）、《声色画报》（1935—1936年）、《文学时代》（1935—1936年）❸，并编辑出版画册与图书。张光宇等人参与画报的排版与内容，也为其他文艺杂志与书籍创作封面。

三、国际视野的艺术借鉴

上海是中国对外贸易的首要商埠，最时新的外国报刊杂志、艺术家画册、画片等新型印刷品最早从上海登埠上岸流传开来，上海地区的艺术家成为最早接触西洋现代艺术的一批人。张光宇谈到自己无能力出国留学，便有意识地在实际工作中补充学习自己所缺的知识与技法，他毫不吝惜花费资金购买图书画册，丁聪谈及张光宇曾花高价求购珂佛罗皮斯所编的刊物。纵观张光宇的漫画创作，他在人物形象和字体设计等方面均受当时西方流行的现代艺术流派与装饰艺术风格的

❶❷王京芳：《邵洵美和他的出版事业》，华东师范大学 2007 年博士论文。
❸张伟：《邵洵美和他的出版事业》，《中国编辑》，2006 年第 4 期。

影响，张光宇对于毕加索、马蒂斯等现代艺术家的创作风格非常熟悉，善于吸收西方艺术家的风格与技法融入自身的创作。

中国月份牌设计脱胎于20世纪初，流行于西方的装饰艺术招贴是对西方视觉艺术的本土化改造而形成的。张光宇曾在南洋烟草公司、英美烟草公司（1927年）的图画部工作，负责绘制香烟牌子，并为胡伯翔绘制的月份牌美人绘制装饰边框。对于青年艺术家而言，专画花边装饰未免屈才，但从胡伯翔题名的月份牌画面上那装饰边框一丝不苟的流畅线条中，可见其对西方新艺术风格的熟悉与得心应手的挪用。

此外美国版画家洛克威尔·肯特（Rockwell Kent）的版画创作对张光宇的漫画有一定的启发，肯特笔下如纪念碑一般的人物造型（图4-7），张光宇在创作《上海漫画》封面时便有所借鉴，以汽车、火车、铁桥、工厂等象征现代化都市形象的元素构成画面背景，突显具有立体派风格的人物群塑像前景（图4-8）。1931年张光宇为徐志摩的《诗刊》绘制封面时，也以装饰化的人物形象作为封面主体。

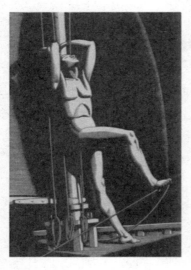
图4-7　肯特版画作品《巡夜》

图4-8　《上海漫画》封面

墨西哥画家里维拉与珂弗罗皮斯等人的画作传入上海后引起艺术家们的注意，1934年，珂弗罗皮斯夫妇访华给张光宇、叶浅予等人的创作带来直观的影响，叶浅予开始大量画生活速写，而张光宇的绘画则受珂氏的启发而更趋于简练与装饰性。珂弗罗皮斯与张光宇两人一见便互为知音，珂弗罗皮斯曾托邵洵美向中国艺术界传达他对于张光宇的欣赏："他非常了解了西方艺术的长处，同时又能尽量发挥东方艺术固有的优点。"

珂弗罗皮斯曾为美国杂志《名利场》《纽约客》绘制大量的封面与插图，这为上海的漫画家提供了讽刺漫画的借鉴素材，如他所设计的杂志《名利场》的封面便以恐龙与建设中的洛克菲勒中心高楼形成对当时美国经济萧条的压抑表现（图4-9），张光宇的1934年设计的《万象》杂志封面也以恐龙来象征科技与灾难之间的紧张关系（图4-10）。

图4-9　《名利场》杂志封面　　　　　　　　图4-10　《万象》杂志封面

　　张光宇在设计绘制封面的同时，还设计了刊物名称的专属字体，这些字体设计中既可见西方现代艺术的影响，如《上海画报》《上海漫画》《泼克》的字体设计，将不同风格的西文字体融入中文字体的设计之中，设计风格简练且有力度；也可见中国传统篆刻艺术影响，如对汉字进行图案化设计，在装饰艺术风格字体影响下强调汉字笔画的粗细对比（如《时代画报》刊头字体设计），添加装饰性元素，体现字体的时代感。如1930年的《万象》刊头字体设计与1958年设计的《装饰》杂志的字体之间有着内在的关联性，《装饰》的字体其实是《万象》字体的"变种与延续"，将带衬线的英文字体风格巧妙地挪用到中文字体上。除此之外，张光宇还进行了线条字体、立体字体等多种形式的尝试。

四、受中国民艺滋养的现代创作

张光宇绘画风格的形成与他从青年时期起便沉迷于中国民间艺术密切相关，早年在新舞台师从张聿光绘制舞台布景画时，他对京戏产生了非常深厚的兴趣，台前的京戏表演及幕后的演员境态给他留下了极深的视觉记忆经验，京剧的脸谱、身段与手势成为张光宇经常借用的创作形式。谈到中国文化的装饰性时，张光宇也热衷于以京戏为例。1925年"五卅惨案"爆发后，张光宇愤慨地在《三日画报》上发表了揭露帝国主义野心的讽刺漫画"望求老丈把冤伸"，便以京戏角色与情节来讽喻时政。

除了京剧之外，他从中国传统版画、绣片、剪纸等多种艺术中吸取特点并消化，形成自身风格。叶浅予回忆，张光宇吸收了当时其他艺术家不重视的中国传统内容，如绣像、插图、版画和年画等，成为启发其创作的灵感❶。中国传统艺术的熏染与西画风格技巧的融合在张光宇的手中产生了奇特的效果，如1934年出版的《万象》杂志，立志打造市面上最具品味与品质的文艺刊物，由于编辑与印刷的成本使每期杂志定价高达5角，杂志仅存活3期，但却以其精美的制作而受到出版界的认可，张光宇设计的三期《万象》封面，既有象征性与抽象性并重的图案画，也有以中国民间剪纸为灵感的封面设计，封面采用的染色剪纸为中国传统花鸟鱼虫图案组成的吉祥图案，取意"对宇宙万物，随处祝福，中国真是一爱好和平的民族。"❷

明末清初的中国画家陈洪绶对张光宇的创作有极大启发，张光宇对老莲"以圆易方"的装饰笔法深有体会，注重线条在排布上的虚实疏密与长短曲直，"以圆易方"也成为张光宇漫画形象的重要特点。张光宇所画的《水泊梁山英雄谱》便塑造了栩栩如生的人物形象。

中国民间文学中的真挚情感、丰富想象与优美意境引起张光宇的共鸣，在他通过搜集民间歌谣为文本而进行插画创作的《民间情歌》中，张光宇笔下的人物形象臻于成熟，在线条、形象、构图的应用中巧妙地结合了绘画的装饰性、民族性与现代性。

根据当时的印刷条件，张光宇在创作时尽可能使作品达到既美观又富于思想性。如《上海画报》1929年的封面画《善》（图4-11），将东西方的宗教形象并置，并采用红、黑、黄三色套印，黑底阴刻线描的释迦牟尼形象与红底阴刻线描基督的形象统合在辉煌的黄色背景中，象征东西方宗教对善形成一致的褒扬。在对待西方传入的现代艺术观念与作

❶ 叶浅予：《宣传张光宇刻不容缓》，《装饰》，1992年第4期。

❷ 张光宇：《〈万象〉编者随笔》，唐薇：《中国现代艺术与设计学术思想丛书 张光宇文集》，山东美术出版社，2011年，第167页。

品时，张光宇也持同一观点。

除此之外，中国书法字体的间架结构、古代青铜器上的装饰图案等传统文化元素，张光宇都将之吸收并应用于漫画出版的设计中。他对于传统艺术持开放的态度，既反对一味摒弃传统标新立异，也不赞成生搬硬套或食古不化，而是提倡"进得去，出得来"。

图4-11 《上海画报》第54期

（张光宇，1929年）

五、辛辣讽刺与装饰审美并存

漫画创作由于具有形象生动且意义深刻的特点，成为艺术家参与公共舆论和启发民众的有力武器。20世纪初在中国兴起的讽刺漫画既受西方现代艺术的启发，如德国新客观派对于社会的讽刺与批判，以及英美流行杂志在上海文化圈的风行，都影响了当时上海漫画创作的面貌；同时，这些漫画又深刻地反映了中国社会混乱与紧张的局势。张光宇在20世纪30年代创作的大量讽刺漫画，将装饰风格应用于讽刺题材的漫画创作之中，主张实用与美观相结合的设计观，形成独具装饰审美风格的讽刺漫画创作。

张光宇设计的《时代漫画》创刊号封面上生动地表现漫画家以纸、笔、尺为声讨社会的工具，像唐吉诃德一样英勇无畏地挑战社会的不公与陈腐现象，而他在批判教育制度的不合理时，创作《腐化的偶像》[1]主题漫画，

---

[1] 《腐化的偶像》主题封面，载于《上海漫画》第6期，1928年5月26日，封面由张光宇创作。

采用蔡元培的形象加以夸张变形。珂弗罗皮斯的讽刺漫画成为张光宇的借鉴案例，如《万象》杂志中的彩页插图便脱胎于《名利场》[1]的封面漫画。

张光宇为1933年8月创刊的《十日谈》创作了一批讽刺漫画封面，以呼应这本关心社会时政的评论刊物，他认为书籍封面设计应"多做减法，少做加法"，呈现其个人漫画风格的成熟。

1935年，由于战争导致许多市民读物难以继续出版，张光宇等人脱离上海时代图书公司后创办上海独立出版社，主编出版《独立漫画》，时局的严峻也使漫画家笔下对于社会与政治的批评日益激烈，1935年10月张光宇开始为张佛千主编的《十日杂志》绘制封面，这一批封面将讽刺漫画的效用发挥得淋漓尽致。

受德国新客观派艺术家乔治·格罗斯与墨西哥画派珂弗罗皮斯的影响，张光宇的漫画尖锐而深刻，批判了社会中的政治斗争与丑恶现象，以夸张变形而极具视觉震撼的形式来启发民众。

1945年创作的《西游漫记》是张光宇应用装饰审美创作讽刺题材的极致作品，在构图、色彩与人物形象上突显装饰性审美，而在题材与内容上则含蓄地讽刺当时混乱的社会百态。

1949年以前，张光宇以装饰审美的讽刺漫画为主要创作方向，题材关系当时动荡中国的社会时局。中华人民共和国成立后，张光宇笔下的装饰审美题材也趋于优美隽永。1965年，张光宇因疾病缠身而过早去世，他的早逝也让中国痛失了一位开山祖师级别的艺术家。

在20世纪上半叶动荡的社会环境与上海独特的商业美术环境中，受中国传统文化与民间艺术的熏陶，以及上海艺术界所经历的"欧风美雨"的浸染，东西方不同的文化因素融入张光宇的创作中，折射出不同的风格特征。但是，这几个层面之间又密不可分地胶合在一起。20世纪初一批在中国本土成长的艺术与设计从业者都有其相似的轨迹。张光宇虽是中国20世纪现代设计大家中的个体，但这一个体在独具特色的同时又反映了时代的共性，他的艺术风格形成的过程，也是对中国与西方艺术的学习、借鉴、融合和创新的过程。但他自身也具有一定的典型性，陈丹青称张光宇的艺术为"毕加索加城隍庙"，张光宇的设计艺术呈现为风格上的创新尝试，现代性与民族性在其作品中实现有机融合，时至今日，他所探索的"中国风格现代艺术"仍具有深远的启迪意义。

---

[1] 《意大利独裁者墨索里尼》，美国杂志《名利场》1932年封面，由珂弗罗皮斯创作。

第三节　钱君匋的装帧设计

在20世纪初中国文艺的风格探索中，张光宇探索的"中国风格现代艺术"代表了一种方向的风格尝试，而另一位重要人物钱君匋既是书籍装帧设计大家，又是画家与篆刻家，他在书籍装帧设计领域的探索，呈现了另一种中国风格的现代设计实践的可能性。

20世纪上半叶，中国文艺界对钱君匋的书籍装帧设计求之若渴，钱君匋的书衣设计被誉为"钱封面"。这个1907年出生于浙江省桐乡县平民家庭，自小对书画痴迷的青年人，只身来到上海的文艺界闯荡并与印刷设计结下深厚的缘分，他将书籍装帧设计经营成了贯穿一生的事业。

钱君匋对中国现代书籍装帧设计与传统民族文化的关系有着自己的独到见解："我国的书籍装帧，和其他各门文学艺术的传统有共通关系，属于东方式的淡雅的、朴素的、不事豪华的、内涵的风格。"●

中国在19世纪末20世纪初期的书籍形式受到传统线装书籍与西式洋装书籍两种形式的双重影响，封面设计是书籍设计中的关键因素，最早与商业美术风格有着密切的联系。月份牌中的仕女图成为早期封面设计的首选题材与表现内容。随着"五四新文化运动"的开展，中国现代书籍的封面设计渐渐受到文化界的重视，新的元素、新的思路与创作手法迅速地进入书籍装帧设计领域。

从钱君匋的设计实践中，既可以看到欧风美雨与日本文化对20世纪初的中国现代设计的直接影响，也能够感受到在海派文化的冲击与熏染下，中国的设计师也在体会与传承着中国传统文化的脉络与精神，并将之融入到自身的设计实践之中。

20世纪上半叶，在以书籍设计为代表的印刷设计领域里，在设计活动与设计规则逐渐形成的过程中，中国现代设计的职业化进程也在一步步地完成。

一、鲁迅等师友的影响

一个人的秉性学养与其设计出的作品有着密切的关联。钱君匋身边的文艺圈既是他生活与交友的乐之所至，也对他的书籍装帧设计产生了巨大的

● 钱君匋：《钱君匋论艺》，西泠印社，1990年，第8页。

影响。从这些民国知识分子的设计作品中，既可见其国际视野之开阔，又可见其传统文化积淀之深厚。

20世纪20年代，钱君匋通过免试插班进入上海艺术师范学校，师从丰子恺、吴梦非等人学习西洋绘画，并接触到图案科，"图案"一词最早由日本人使用汉字来对译英文design，后来传入中国，这一名词成为中国人对现代设计的最早认识。老师丰子恺、吴梦非，同学陶元庆都曾给钱君匋的设计带来很深的影响。

丰子恺认为美术、音乐、文学等各艺术门类之间具有相通性，在教授美术时也提倡学习书法。丰子恺的封面设计与诗画作品在图案化、类型化与意境上的追求，都对钱君匋有不小的影响，钱君匋的早期创作受日本风格的影响，他经常光顾内山完造的内山书店，参考了当时在中国流行的日文书籍，认真研习《杉浦非水图案集》《伊木忠爱图案集》，又从日本的现代书装追溯到更为久远的中国艺术根源。

钱君匋和陶元庆曾住同一寝室，陶元庆当时在《图画周刊》担任编辑，陶元庆的书籍装帧设计极受鲁迅等人的赏识，钱君匋受陶元庆的影响，开始接触书籍设计。陶元庆将钱君匋带入了当时上海的文艺圈，他介绍钱君匋与鲁迅、郭沫若、沈雁冰（茅盾）等文化界人士结识。

鲁迅对20世纪上半叶中国的书籍设计起到重要的推动作用，不仅体现在他对书籍设计的亲身参与，还体现在他对当时的文艺青年在文化志趣与审美品位上的感染与引领，支持鼓励青年版画家和设计师的艺术创作。陶元庆曾为鲁迅、许钦文等人的小说设计封面。鲁迅在《当陶元庆君的绘画展览时》（1927年）一文中这样评价陶元庆的艺术成就："他以新的形，尤其是新的色来写出他自己的世界，而其中仍有中国向来的魂灵——要字面免得玄虚，则就是：民族性。"❶鲁迅针对当时的中国艺术创作提出了"民族性"的概念，主张将现代艺术、民族风格与社会使命相结合，而对于"民族性"的自觉追寻，也体现在钱君匋的书籍设计之中。

鲁迅对20世纪上半叶中国文艺的发展也有重要的推动作用，陶元庆、司徒乔、孙福熙和钱君匋等青年均与鲁迅关系密切。鲁迅的文学与书籍设计的思想主张对钱君匋有很大影响。1927年11月，钱君匋曾跟随陶元庆去鲁迅家拜访，鲁迅向他们展示并一一介绍他所收藏的汉唐时期的画像拓片，这给两位设计师留下了非常深刻难忘的印象，并渗透进他们的创作之中。

鲁迅自身也从事书籍装帧设计，将他对中国书画艺术的理解融入到书籍设计之中。作家冯骥才认为鲁迅很重视书的整体形态与美感，他多次亲手

❶ 刘国胜：《独有"爱"是真的》，上海人民出版社，2014年，第216页。

设计书籍封面，结合图书内容选取合宜的纸张、印刷工艺与装帧风格。其封面设计既有对中国传统元素的现代应用，也有对中国书法艺术的融汇与应用。鲁迅注重书籍的整体设计，他是提倡中国传统文化在现代设计有所实践与应用的精神领袖与思想导师。鲁迅所倡导的整体艺术精神与主张，呈现出与新月派唯美主义不同的风貌，是另一方向的艺术尝试。

后来，钱君匋与鲁迅成为忘年交。鲁迅曾认真评价、多次公开肯定钱君匋的书籍装帧作品。❶鲁迅翻译的《艺术论》《十月》《死魂灵》《死魂灵一百图》《文艺与批评》等书籍，都是由钱君匋设计的封面。

五四新时期以来，《新青年》《新潮》等进步刊物简洁有力的装帧设计风格在文艺界影响广泛。与此同时，西方艺术流派的影响也迅速反映在20世纪20—30年代上海出版设计的面貌之上。在钱君匋的装帧设计中也有现代先锋派尝试的一面，从中明显可见"立体主义""达达主义""象征主义"等艺术流派及其风格特征的影响。在与欧洲新艺术运动的整体艺术观念遥相呼应的设计实践中，东方与西方之间的界限被打破，传统与现代相互融合。如钱君匋对《伟大的恋爱》（1930年）一书的封面设计便受"立体主义"的影响。日本、西方、中国民族风格3个方面的艺术思潮与艺术活动，均对钱君匋的封面设计产生了重要影响，并促成他最终形成独具一格的设计面貌。

二、融合传统艺术的中国现代设计风格

自幼对中国书画与篆刻的喜爱，使钱君匋的设计自然地融入了中国传统文化与艺术的气息。钱君匋曾回忆自己在做装帧设计时，思考酝酿的时间远远多过于动笔描绘的时间，其酝酿创作的过程也是漫长的学习与积累的过程。

1927年，钱君匋受上海开明书店老板章锡琛的邀请，到书店担任编辑工作，开始了设计文艺书刊封面的职业生涯。叶圣陶、徐调孚、夏丏尊、王伯祥、周予同以及宋云彬等人都曾担任开明书店的编辑。开明书店由于编校严谨与独特的文字风格而被称为"开明风"❷，钱君匋的装帧设计也成为"开明风"的一部分。

钱君匋的书籍装帧设计在装饰图案的设计与运用上很有开创性。他为

❶ 钱君匋：《〈钱君匋装帧艺术〉后记》，孙艳，童翠萍：《书衣翻翻》，生活·读书·新知三联书店，2012年，第141页。
❷ 姜德明：《开明书店的广告》，范用：《爱看书的广告》，生活·读书·新知三联书店，2015年，第230页。

开明书店设计的《新女性》封面，在对花卉图案进行抽象变形的过程中，融入了西方现代艺术的图案表现方式。随着"钱封面"在文艺界引起的广泛赞赏，越来越多的书刊杂志争相邀请钱君匋设计封面。商务印书馆出版的五大月刊，如沈雁冰（茅盾）的《小说月报》、叶绍钧主编的《妇女杂志》、杨贤江主编的《学生杂志》、周予同主编的《教育杂志》以及钱智修主编的《东方杂志》都曾邀请钱君匋设计封面。

钱君匋早期的设计较多的受到日本文化的影响，参考了当时在中国流行的日文书籍，后来经过个人的学习与体悟，才知道中国的传统艺术也给予日本现代设计很深厚的滋养。"日本书面设计的形象和色彩，很多是从中国的敦煌石窟艺术和其他古典艺术流传过去的，对他们起了很深的影响。再从日本书面上去学习那一枝一叶，零碎搬过取得石窟艺术之类，不如直接研究石窟艺术，可以看到全貌，才不受限制。于是我就努力在这方面下了一番工夫。"❶

周博在讨论"金石味"与中国文字设计的民族性问题时，便以钱君匋为典型案例来进行讨论。钱君匋所痴迷的书法与篆刻给予他中国传统艺术的审美涵养，影响其从事书籍装帧设计时追求一种"金石"趣味。对"金石味"的追求，在20世纪初的中国现代设计中蔚然成风，许多设计师的创作所形成的影响，"已经超越了审美而进入到了精神层面"❷

1937年，钱君匋与别人合作开办了万叶书店，出版美术、音乐、文艺类的书籍，万叶书店的图书装帧也由钱君匋负责。钱君匋认为好的书籍的装帧设计，是深刻内容与完美艺术形式的结合。中国风格的现代设计可以有多种方向的尝试。如果说张光宇更多地将民间因素融入设计之中，那么钱君匋则是将中国文人书画的气质融入到设计风格之中。

三、设计师职业化

随着钱君匋设计封面的名气越来越大，请钱君匋设计书籍装帧的作家、杂志社与书店也越来越多，应接不暇。于是1928年9月，钱君匋的几位好友，丰子恺、陈抱一、章锡琛、夏丏尊、叶圣陶、陶元庆和邱望湘等人为钱君匋撰写了《钱君匋装帧画例》，由丰子恺写了缘起，印发给来求者：

"书的装帧，于读书心情大有关系。精美的装帧，能象征书的内容，使

---

❶ 钱君匋：《钱君匋装帧艺术》，商务印书馆，1992年，第43~44页。
❷ 周博：《"金石味"与中国现代文字设计的民族性建构》，《美术研究》，2016年10月。

人未开卷时先已准备读书的心情与态度，犹如歌剧开幕前的序曲，可以整顿观者的感情，使之适合于剧的情调。序曲的作者，能抉取剧情的精华，使结晶于音乐中，以勾引观者。善于装帧者，蛮能将书的内容精神，翻译为形状与色彩，使读者发生美感，而增加读书的兴味。友人钱君匋，长于绘事，尤善装帧书册。其所绘封面画，风行现代，遍布于各店的样子窗中，及读者的案头，无不意匠巧妙，布置精妥，足使见者停足注目，读书者手不释卷。近以四方来求画者日众。同人等本于推扬美术，诱导读者之旨，劝请钱君广应各界嘱托，并为定画例如下：封面画每幅十五元，扉画每幅八元，题花每题三元，全书装帧另议，广告画及其他装饰画另议。”

另有附告一则：“1.非关文化之书籍不画；2.指定题材者不画；3.润不先惠者不画。收件处为开明书店编译所。”

从丰子恺为画例所写的缘起来看，封面设计作为书籍设计中的核心因素，在当时文艺界已经引起了足够的重视，中国画家在书刊上刊登画例并不鲜见，如为中华书局、世界书局等知名机构书写牌匾的“卖字先生”唐驼，也曾在报刊上刊登书法润例，可视为中国现代字体设计与品牌设计的前身。但书籍装帧的询价表，这却是第一份。因此，这份画例也成为中国现代设计史上的首创，既反映了钱君匋的设计在当时受欢迎的程度，也体现了设计师这一职业在文艺界所受的认可。

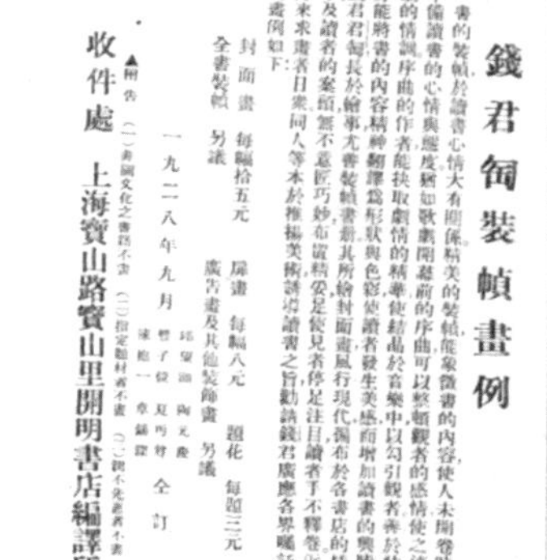

錢君匋裝幀畫例

書的裝幀，於讀書心情大有關係。精美的裝幀，能象徵書的內容，使人未開卷時先已準備讀書的心情與態度，猶如歌劇開幕前的序曲，可以整頓觀者的感情，使之適合於劇的情調。序曲的作者，能抉取劇情的精華，使結晶於音樂中，以勾引觀者。善於裝幀者，亦能將書的內容精神，翻譯為形狀與色彩，使讀者發生美感，而增加讀書的興味。友人錢君匋，長於繪事，尤善裝幀書冊。其所繪封面畫，風行現代，遍布於各書店的樣子窗中，及讀者的案頭，無不意匠巧妙，布置精妥，足使見者停足注目，讀者手不釋卷。近以四方來求畫者日眾，同人等本於推揚美術，誘導讀書之旨，勸請錢君廣應各界囑託，並為定畫例如下：

封面畫　每幅拾五元　扉畫　每幅八元　題花　每題三元

全書裝幀　另議　廣告畫及其他裝飾畫　另議

一九二八年九月　邱望湘　陶元慶　豐子愷　夏丏尊　陳抱一　章錫琛　全訂

▲附告　（一）非關文化之書籍不畫　（二）指定題材者不畫　（三）潤不先惠者不畫

收件處　上海寶山路寶山里開明書店編譯所

图 4-12　《钱君匋装帧画例》（载于《新女性》，第 3 卷第 10 期，1928 年 9 月）

从设计师职业化的角度来看，《钱君匋装帧画例》具有重要的意义。钱君匋可以被视为中国现代设计史上最早以书籍装帧作为职业的设计师。作为第一个“吃螃蟹”的人，《钱君匋装帧画例》的订立者并非钱君匋本人，他自身不便出面商谈设计薪酬，便托请在文学界与出版界的师友为其订立画例。

从1928年9月为钱君匋订立画例的人群来看，这些人都是“开明派”的同仁，经常聚会交流思想见解。其中既有师长辈的丰子恺、夏丏尊，还有开明书店的老板章锡琛、装帧大家并兼同窗好友陶元庆、画家陈抱一、作曲家邱望湘，这些人为其共同订立画例，足见文艺界对于设计活动的充分尊重与普遍认可，如图4-12所示。

通过订立画例的人群可以看到设计职业的社会性，设计师并不是孤立存在的，设计师这一职业与各机构之间有着密切的关联，表明设计创作与设计师的生存状态之间的关系，也表明设计作品与社会对设计的接受之间的关系。

从画例所订立的价目内容来看，"封面画每幅十五元，扉画每幅八元，题花每题三元，全书装帧另议，广告画及其他装饰画另议。"❶随着市场上的设计订件接沓而来，设计师为了保证设计任务的质量与自身薪酬上的保障，便需要订立一定的行业规则，让不同程度的劳动与相应的薪酬相适应。（与当时商业美术订件的价格相比，如胡伯翔、杭穉英等人的月份牌订件约为500元一幅，装帧设计的价位相对要平廉得多）订立画例一方面保护了设计师的权益，另一方面也开创了设计行业的职业程序。

附告说明了几种不提供设计服务的情况，体现了设计师的主体意识，对过于商业化的宣传行为有所抵制，坚持自身的设计原则与审美标准，并将其作为设计实践中的基本规则来遵守。

开明书店于1932年出版了丰子恺翻译的《西洋美术史》，可以看到，翻译者丰子恺与装帧者钱君匋，都出现在扉页上的显著位置。❷20世纪上半叶大部分书籍封面的设计者都难以考证，多以花押、姓名缩写等隐藏的方式来进行标注，钱君匋作为装帧设计者的名号为书籍增加了美感与分量，公开署名的方式，体现了钱君匋作为20世纪上半叶首届一指的装帧艺术家在设计业界与大众中的认可度。

钱君匋活跃于20世纪上半叶中国的文艺书籍装帧设计领域，八年抗战时间封笔停做设计，在新中国成立后又继续参与书籍的设计，并产生了持续性的影响。中华人民共和国成立后的书籍设计界有"南钱北曹"之称，足见设计界对钱君匋与曹辛之的书籍装帧设计有很高评价。"十年浩劫"时期，钱君匋靠边站而封笔。一生中设计了约4000种书籍封面❸，高产的创作为中国现代设计留下一笔宝贵的视觉文化遗产。

正如鲁迅在《〈引玉集〉后记》（1934年）中所说："历史的巨轮，是决不因帮闲们的不满而停运的；我已确切的相信：将来的光明，必将证明我们不但是文艺上的遗产的保存者，而且也是开拓者与建设者。"❹钱君匋在书籍装帧领域形成了具有独特性的设计风格，因其个人学养而蕴含中国传统书画的基因，结合西方现代艺术风格，形成了融合中西文化的新的审美结构，成为中国近现代时期探索具有中国风格的现代设计的重要尝试。

❶ 钱君匋：《〈钱君匋装帧艺术〉后记》，载于《书衣翩翩》，孙艳，童翠萍编，生活·读书·新知三联书店，2012年12月，第144页。

❷ 金小明：《书装零墨》，人民日报出版社，2014年，第129页。

❸ 钱君匋：《〈钱君匋装帧艺术〉后记》，孙艳，童翠萍：《书衣翩翩》，生活·读书·新知三联书店，2012年，第142页。

❹ 刘国胜：《独有"爱"是真的》，上海人民出版社，2014年，第216页。

第五章

‖商业美术机构与印刷设计

第一节　商业美术机构的类型属性

从民国初年至抗日战争前夕，随着上海国内外贸易的增长与民族产业的发展，城市工商业的行业规模与种类迅速扩大，商品流通的规模增大，商业组织与相关机构也发展起来。"20年代中下叶是抗战前上海商业的繁荣时期，全市共有156种自然行业，大多数集中于租界等闹市区。"❶在上海，各行各业的洋货专业店、经营土产的商号均大获发展，经营日杂百货的小型商店遍布上海街头，全国各地的名牌商店纷纷在上海开店经营，以先施、永安、新新、大新四大百货公司为首的大型百货公司，以及以中国国货公司、国货联营公司等新兴商店积极招徕顾客，餐饮和书报等商业服务业也蓬勃发展。南京路名店汇集，是名副其实的商业黄金地段，为这些大型百货业服务的广告业务更是集中于这样的商业闹市区，南京路商店橱窗之间大型门市广告牌的形式便为蒋兆和首创。作为"万商之都"的上海，销售来自世界各地丰富与充足的商品，商家为争夺市场而采取各种营销措施。广告的形式丰富多样，招贴广告、报刊广告、车船广告等新形式让人目不暇接，如在炎热夏季，印有各式商品宣传的团扇拥有巨大的需求量，孙雪泥的生生美术公司便是以广告团扇业务独步上海的商业美术机构。而以日历底板、月份牌为代表的广告招贴画形成了"美人加美物"的广告创意。

在西方资本、民族工业和商品经济等各种经济因素相结合的时代背景下，商业美术在半殖民地半封建的经济基础上发展起来，并得到了产业的支持。各式各样的广告宣传品背后，是当时广告创意制作机构的繁荣，当时上海的广告创作机构主要有3种类型。第一种类型为大型公司或机构的广告部，如英美烟公司的广告部、商务印书馆印刷所下属的图画部、1919年成立的商务广告公司等，这些机构内的设计组织服务于各自企业的产业需求，有些机构还有能力承接广告制作业务；第二种类型为独立的个体商业

---

❶ 熊月之：《上海通史·第八卷·民国经济》，上海人民出版社，1999年，第63页。

美术从业者，或是独立经营的商业美术作坊，如单独开业的月份牌画家郑曼陀，还有开办"稚英画室"的杭稚英，稚英画室的主创画师共有七八人❶，形成分工协作的高效团队，以及摄影家郎静山开办"静山广告社"一类的小型事务所。第三种类型为专业广告公司，20世纪30年代前期，在上海形成以联合广告公司、华商广告公司、美商克劳公司和英商美灵登公司这四大广告公司为首的广告设计机构群落，在广告行业的繁荣与活跃时期，大大小小的广告公司总共有一二十家❷，到1946年，在"上海市广告同业公会"登记的广告公司已达85家❸，其中以联合广告公司的图画部规模最大，广告画制作人员经常流动，但基本规模保持在15人左右❹。不同类型的设计机构在20世纪初成熟的商品经济环境中，逐渐探索出独特的管理与市场运作方式，无论是个人还是机构，都在激烈的竞争中争取自身经济效益的最大化。

　　大型企业内部的商业美术机构，与前文所论及的商务印书馆、中华书局等大型出版机构内部的美术部门有一定的相似性，在组织架构与管理模式上较为相似。本章节中不对这一类机构作详细叙述，而是集中分析另外两种机构设置的形式与特征。选取"稚英画室"作为个人建立的独立商业美术机构的典型来观察，以及联合广告公司作为大型广告设计机构的代表机构来分析。

　　稚英画室是中国近现代史上独立商业美术机构的代表。杭稚英早期美术教育与商务印书馆的关系，体现了上海出版环境给予现代设计的资源支持；以画室与广生行的合作为例，画室吸附产业中的设计需求并从商业竞争中赢利，体现了产业与商业中的设计需求对于现代设计体制的有力支撑；杭稚英善于从商务印书馆的同事与海宁老乡中吸附与培养人才，优化团队结构并且形成相对开放的机构格局；敏锐察觉社会文化的趋势，吸收西方现代文化与艺术风格，甚至引领了大众审美潮流；吸取并应用当时最新的美术技法与印刷技术，将国内外最新视觉文化资讯融入到商业美术的创作之中，在月份牌创作上摸索出高效的分工合作管理机制，形成具有开创性的印刷设计体制。

　　而联合广告公司是20世纪上半叶中国规模最大的广告公司，公司的创始人具有很强的业务能力，在机构运营管理上引进完备的现代企业机制，形成服务于现代社会中商业美术细分需求的"专家系统"。

　　稚英画室与联合广告公司，这两种不同类型的设计机构成为商业美

---

❶ 丁浩：《将艺术才华奉献给商业美术》，益斌、柳又明、甘振虎，《老上海广告》，上海画报出版社，2000年。
❷《上海美术志》编纂委员会：《上海美术志》，上海书画出版社，2004年，第114页。
❸ S315-1-9，《上海市广告商业同业公会同业登记表》，上海档案馆馆藏档案。
❹ 丁浩：《美术生涯70载》，上海人民美术出版社，2009年，第6页。

术环境下印刷设计体制的典型案例，印刷技术的发展是设计机构的重要技术支撑，大众文化与审美偏好为商业美术提供了重要题材与潮流趋势，现代企业的管理与运营方式，则为这些设计组织的多元机构形态提供了参照，最终形成了上海商业美术领域灵活的设计体制，成为中国近现代印刷设计体制的有机组成部分。

第二节　杭穉英：独立的作坊制

月份牌是一种中西合璧的产物，作为20世纪初中国商业美术领域最重要的视觉文化遗产，这一代表性的广告门类成为商业美术名家的竞技场。月份牌画家们精熟于将时新的女性形象绘制于广告画面中心，反映了20世纪初中国都市时尚和视觉摩登的变迁，同时也参与塑造了市民的审美倾向。

在1927年的第7期《紫罗兰》上，郑逸梅发表了《月份牌谈》一文，同年第10期的《紫罗兰》上又刊登了杨剑花的《月份牌续谈》，可见当时月份牌广告画在当时的上海盛极一时，文人们多次撰文介绍这一种深得人心的商业美术形式。杨剑花在文中介绍，"月份牌作者以余管窥所及，要以曼陀、柏生、咏青、之光、云先、穉英、伯翔诸子为个中巨擘。"文中还津津乐道于1921年春季南洋烟草公司印制的"海上十二名画家月历牌时装仕女"，封面为谢之光创作的"美女饲禽图"，12个月份的月份牌作者依次为杨清磐、杭穉英、丁悚、丁云先、尊我❶、徐咏青、周柏生、但杜宇、景吾（潘达微）、张光宇、谢之光以及郑曼陀。在这一批人中，除了潘达微主要从事摄影创作，曾于1914年担任香港南洋烟草公司广告部主任，张光宇、但杜宇主要从事漫画创作外，其余大部分作者都是以月份牌广告画为主的创作活动，是20世纪20年代活跃于上海的主要月份牌广告画家。

20世纪20年代以前是月份牌广告画的草创时期，周慕桥、徐咏青、周柏生、丁云先及郑曼陀等人对月份牌形式的探索性创作为其奠定了基本的艺术形式。"上海早期著名茶楼'青莲阁'，就经常聚集许多外地厂商与上海的印刷商、广告商，甚至跑街们，他们在那里商谈月份牌广告画交易的种种活动，有一定的秘密性。一些不太出名的月份牌画家，

---

❶ "尊我"可能是民国时期某一画家的名或字，目前暂时未查到画家"尊我"的更多相关资料。

到茶楼和客栈中向外地厂商兜售作品。……每年要持续好几个月。"❶上海本土产业以及外地产业的繁荣发展给设计活动提供了沃土，敏感的商业美术家积极响应产业中的设计需求。

而据郑逸梅在《论月份牌》❷一文中的评价，20世纪30年代的月份牌市场已经形成郑曼陀、谢之光、杭稚英三足鼎立之势，这一时期活跃于月份牌广告领域的画家还有胡伯翔、金梅生、金雪尘、李慕白、倪耕野、张碧梧及张荻寒等人。

由于月份牌创作本身相较于其他广告画来说，在画面形式上更为精细、尺幅更大，因而在时间与精力上都需要有更多的投入，商业利润相对于其他商业美术形式也更高，因而知名月份牌画家承接各企业的商业订件的收入相当丰厚，郑曼陀是早期月份牌画家中独力开业的代表，他与徐咏青合作接受订件。另有开办独立设计机构的画家，金梅生从商务印书馆离职后也创办了个人画室，杭稚英创办的"稚英画室"在这一批画家中最具代表性，其他月份牌画家大多在大型公司的广告部任职，同时也接受社会其他机构的月份牌的创作委托。例如，谢之光曾为英美烟草公司和其他机构绘制月份牌，后来又任上海华成烟草公司广告部主任、福新烟草公司美术顾问；周柏生、张荻寒曾在南洋烟草公司广告部任职。

稚英画室具有突出的家庭式作坊的特点，它既不同于联合广告公司这一类建制更为系统和商业的专业广告公司，也不同于英美烟草公司下设的图画公司这一类企业内的商业美术机构，而是在20世纪初独特的商业与产业环境下探索与上海灵活的商业形态相适应的运营方式。

1914年，年仅14岁的杭稚英随父亲来到上海❸，他初次报考便成功考入商务印书馆印刷所图画部当练习生。这个少年后来成为雄踞上海月份牌广告画创作半壁江山的独立设计机构"稚英画室"的创办人，稚英画室在20世纪初上海商业繁荣与产业发展的环境中由微小发展至鼎盛，既与杭稚英本人的商业美术素养、组织管理能力与业务沟通能力有关，同时也与上海的印刷出版、都市文化与工商业发展的设计需求紧密相关，杭稚英创办的稚英画室成为分析20世纪初中国现代设计机构特征的典型案例。

---

❶ 张燕凤：《老月份牌广告画上卷论述篇》，汉声杂志社，1994年，第65页。
❷ 郑逸梅：《谈月份牌》，《联益之友》，1930年总140期。转引自：《杭稚英研究》，杨文君，上海大学博士学位论文，2012年4月。
❸ 本书所涉及的有关杭稚英的关键生平采用杨文君在《杭稚英研究》（上海大学博士论文，2012年）中确认的时间节点：杭稚英出生于1901年，1914年随父到上海，同年考入商务印书馆图画部，1921年脱离，1921年底到1922年间创办自己的画室，金雪尘于1925年加入画室，李慕白于1928年加入画室，1937年抗战爆发立关停画室，1947年9月17日因积劳成疾突发脑溢血去世。

一、商务印书馆的学徒训练

商务印书馆的美术教育与商业资源为杭穉英从事商业美术提供了专业基础。杭穉英的父亲杭卓英在商务印书馆担任印刷厂厂长鲍咸昌的中文秘书，一家老小随他由原籍浙江海宁盐官镇迁至上海定居，杭穉英考入商务印书馆图画部，成为他设计生涯的重要起点。

商务印书馆随着张元济[1]加盟，迅速从单纯承接印刷业务的作坊转向新型文化出版单位，商务印书馆的总务所、编译所、印刷所、研究所、图书馆等多数机构均设在闸北宝山路，发行所设在棋盘街[2]，以商务为首的出版与印刷机构在这些街区集结成市，最早在上海进行美术活动的人员大都与印刷出版机构有所关联，商务印书馆在"一处三所"的机构设置中也安排了服务于出版需要的美术设计部门，成为上海培养设计人才的重要机构。

杭穉英考入的图画部由徐咏青主持，徐咏青原在土山湾孤儿工艺院习艺授艺，1913年从中国图书公司转入商务印书馆后开办"绘人友"招收练习生，规定练习生在图画部学习3年，每月零花钱3块大洋。图画部教授练习生中西画法，聘请一位德籍教师教授西洋绘画和广告技法，其他教师为中国人，徐咏青教授水彩技法，吴待秋、何逸梅教授中国画，为练习生打下良好的美术基础。3年期满之后，再为商务印书馆服务4年，大部分人学徒期满后去了门市部，每月基本薪水为10块大洋，再根据个人业绩提取利润。[3]1900—1922年间，商务印书馆在《申报》上发表的图画部招生、月份牌征稿、印刷、发行与举办展览的相关广告共有十余则[4]，这些具体业务便由图画部培养的美术人才来完成。

在图画部3年学画期满后，杭穉英便被派去门市部服务4年。门市部位于福州路河南路口棋盘街，是负责与客户接洽事务的部门，杭穉英常需根据客户要求临场发挥，快速勾出设计小稿与客户沟通，娴熟的画艺与灵敏的反应为商务印书馆争取了不少客户，也为其之后开设独立画室积累了人脉资源与业务能力，在门市部的杭穉英已经能够独力完成整幅月份牌的广告画，在上海有了一定的名气。

1921年服务期满之后，杭穉英便自立门户承接广告、商品包装与商标设计。他最早的画室设在虹口区鼎元里，租了弄堂口一套二室一厅的房子，最外间为会客室，外间为绘画办公的房间，最里间为寝室，工作

[1] 张元济于1902年正式加入商务印书馆，在原有的印刷所之外建立编译所和发行所，实现三所并立的管理运营机制，并于1916年成立总务处以协调、统筹、管理与监督三所业务。

[2] 范军，何国梅：《商务印书馆企业制度研究1897—1949》，2014年，第104页。

[3] 林家治：《民国商业美术主帅杭稚英》，河北教育出版社，2012年，第32，43页。

[4] 王震：《二十世纪上海美术年表》，上海书画出版社，2005年。

与生活都在这个空间中。此时的杭穉英并未与商务印书馆完全脱离，根据王坚白❶回忆，鼎元里离宝山路的商务印书馆很近，便于招揽生意和介绍业务。

杭穉英从商务印书馆的美术培训与门市业务中得到了充分的历练，以商务印书馆为代表的诸多文化机构在印刷出版业务拓展的过程中，培养出上海地区最早的一批设计人才。

二、工商业发展中的设计需求

产业发展与商业需求中的设计驱动力，为中国早期商业美术机构的存活与壮大提供了重要助力。19世纪末20世纪初，随着外国资本大量涌入中国进行投资，中国的民族工商业迎来发展机遇，上海成为中国最繁华的工商业城市，丰富多样的商业美术产品与当时产业发展与商业宣传的需求密切相关，以与穉英画室产生业务联系的广生行为例，杭穉英善于察觉产业中的设计需求，通过现代设计介入产业发展与商业运营，工商业企业与设计机构形成合作关系，设计机构在产业发展的过程中得以壮大。

作为中国日化民族企业的翘楚，广生行❷生产"双妹牌"化妆品与"夏士莲""林文烟"等洋货展开激烈竞争，其产品包装与广告宣传为企业赢得了重要的口碑。广生行出版企业杂志《广益杂志》❸来宣传自身并促进销售。在《广益杂志》第2期，刊载记者"少邨"的文章《游广生行制造厂记并序》，介绍他参观调研广生行产品的生产与设计情况。从文章中可见，企业内部有满足基本生产需求的设计力量，如"印刷及螺丝白铁瓶盖制造所"中设有"印刷所"，用从英国购买的石版印刷机"印刷各种噱头招纸，及寻常之瓶上广告纸"，印刷所内聘有画师绘制双妹商标，"彩色石印部"印刷各式"双妹牌"化妆品的标签、招贴与包装纸。尽管如此，产品的商标、包装造型与广告设计，则是广生行内部较弱的设计能力所无法承担的，于是广生行与关蕙农、郑曼陀、杭穉英等当时在香港和上海的知名月份牌画家合作，设计实体门店的橱窗、月份牌广告画和产品实体包装等，营造起全面的"双妹牌"品牌形象系统。

❶ 王坚白为杭穉英的妻子王萝绶的弟弟，曾在华商印刷公司当会计，笔者2013年采访。
❷ 广生行1898年由冯福田在香港创办，是中国最早采用机器制造日化产品的民族企业，1915年"双妹牌"产品获世界好评，获美国旧金山巴拿马世博会金奖。
❸ 运用新兴的报刊出版作为企业宣传的媒介，广生行在企业发展擢升的1920年代出版《广益杂志》是中国具有代表性与影响力的早期企业报刊之一，介绍广生行的生产经营和产品，有效宣传企业文化，营造企业参与社会文化思潮与舆论构建的公共形象。

据杭鸣时回忆，稚英画室为广生行设计过月份牌、产品包装与商标等。杭稚英创造了"双妹牌"化妆品的经典品牌形象：身着团花图案旗袍的孪生姐妹手捧鲜花，在鲜花背景的簇拥下，笑靥如花地宣传周围各式"双妹牌"化妆品，如图5-1所示。

图5-1　稚英画室绘制的广生行"双妹牌"月份牌

从稚英画室与广生行的合作中，得以窥见20世纪上半叶设计体制的一些基本特征。企业在发展初期侧重对产品本身的设计，中小型企业依靠企业本身薄弱的设计力量，只能完成产品本身的设计与生产，无法兼顾广告宣传设计。随着企业的经营壮大，激烈的产业竞争迫使企业加大广告宣传力度，部分大企业便有资本在企业内部设立专门的设计部门，来应对产品设计与宣传的需要。然而，更多的中小企业在企业本身无法兼顾和应对越来越专业化、竞争越来越激烈的广告宣传事务时，则会寻求与专业画家或设计机构合作。有趣的是，就像《申报》和《新闻报》同时刊登"双妹"和"夏士莲"的黑白广告一样，商业美术机构和画家经常同时服务于互为竞争对手的多家企业的广告宣传，而且设计内容和风格颇为相似。比如，稚英画室也为广生行的竞争对手老晋隆洋行的林文烟花露水绘制月份牌，画室的客户以烟草公司最多，由于香烟牌子频频更换而需要大量画稿，英美烟草公司、南洋兄弟烟草公司等竞争对手都是画室的客户，外地客户也慕名而来。稚英画室创作的月份牌画面内容新颖，在吸引大众眼光的同时，也为商家增加了销售量。稚英画室的交稿时间和画稿质量均很有保障，信誉极佳，形成了广泛的客户群体。

抗日战争全面爆发以前，中国民族工商业曾一度迎来"黄金时期"，城市化与商业化促进了中国现代设计的诞生，西洋厂商与民族工商业之间的商战，促成了商业美术欣欣向荣的局面，也推动了中国现代设计机构的发展成熟，促进了设计师的职业化。

三、从业务单干到画室协作

脱离商务印书馆后，杭稺英于1921年在上海鼎元里创办画室（当时并无工商登记），画室采取居室与画室相结合的模式。这在当时的实业界与商业美术界颇为普遍，家庭式作坊随处可见，自由经营的小型创作、生产与制作机构，最初大都在居住空间中辟出一部分转变为工作运营之用，经营者的生活与工作都在相近空间之中发生。20世纪30年代，顾植民的化妆品厂和柳溥庆的华东照相印刷所，都是与稺英画室模式相近的家庭式作坊，这些小型机构组建灵活，成员之间的情感连接紧密，公私之间不甚分明，可以灵活地调整规模与运营方向。

随着商业美术的业务拓展，杭稺英单凭个人精力无以应付增加的订件，便于1925年邀请他在商务印书馆的同事金雪尘[1]加入画室，承诺薪水为商务印书馆工作的3倍，且每年加薪[2]。金雪尘加入后，画室的月份牌订单由两人合力承接，杭稺英完成主体人物，金雪尘擅长绘制风景，两人分工各施其长，大大提高了月份牌的创作效率。

由于农村经济凋敝，许多海宁老乡来到上海投靠杭家。1928年，杭稺英与王萝绥结婚，家庭人口与画室成员规模渐渐扩大，搬迁至上海闸北区靠近苏州河的山西北路海宁路口闲置的江浙皖丝厂茧业总公所[3]，杭稺英儿子杭鸣时回忆，在这座由中式三进房屋和西式花园洋房组成的公馆式房子中，杭家最多曾容纳了40余人的饮食起居，花园洋房为日常生活居住之用，中式三进房屋则为画室工作之用，在当时画室中可谓规模气派[4]。苏州河以北的四川路一带是民国时期上海的第二条文化街[5]，山西北路既靠近印刷工厂，又靠近文化街区，是开办画室最理想的地理位置。

杭稺英从前来投靠的亲友中挑选有美术兴趣与资质的后生作为画室学员。学员经过培训后加入画室，渐渐形成分工有序的合作团队。1928年从

---

❶ 金雪尘，1903年生于上海嘉定，擅长画风景。
❷ 林家治：《民国商业美术主帅杭稺英》，河北教育出版社，2012年，第62，63页。
❸ 杭稺英来上海在担任江浙皖丝厂茧业总公所的秘书，公所在闲置后于1928年租给杭家当住所和画室。
❹ 海宁市政协文史资料委员会：《装潢艺术家杭稺英1901—1947》，2002年，第4页。
❺ 叶中强：《上海社会与文人生活1843—1945》，上海辞书出版社，2010年，第82页。

海宁盐官来上海投奔杭家的李慕白❶是画室培养的同乡中的佼佼者，他加入画室时才16岁，经杭穉英指点形成擦笔人物肖像的绘制专长，随后画室形成以杭、金、李三人为核心的创作团队。杭穉英还介绍妻子王萝绥的妹妹王蕴绥嫁给李慕白，通过家族联姻使画室人员构成更为持续稳定。

采用"供给制"是穉英画室这一类家庭式经营的独立设计机构的重要特点。杭穉英并不向学员收取学费，还提供食宿和学习材料，教授绘画技巧，再根据各人学龄与资质，从学习过程逐步过渡到业务工作，学成后留在画室工作，有收益了再按劳分配。❷到了1930年左右，画室形成稳定的人员结构与规模。先后有二十几人在画室学画，大部分为海宁老乡，画室的核心成员为杭穉英、金雪尘和李慕白，固定的辅助人员有10余位，其中有宋允中、李仲青、吴哲夫、胡信孚、汤时芳、善缘禄、张宇清、王维德、孟慕颐和杨万里。❸

杭穉英善于让学员发挥特长，穉英画室也由于学员之间的明确分工，在商业美术创作上形成了流转有序的分工协作模式。一般学员在学徒阶段先临摹花边轮廓，学画素描基础。画室内布置了石膏像，杭穉英带头画石膏素描，在提升自身画艺的同时，带动学员的积极性。由于杭穉英一直为自己未曾进入专业美术院校学习而感到遗憾，故打破当时美术界惯有的门户之见，他为优秀学员支付学费，让他们去上海其他知名画室学画，画艺提升后也能更好地服务于画室。例如：孟慕颐去张充仁的"充仁画室"学画，李慕白去陈秋草的"白鹅画室"学画。

画室在月份牌创作上有专门的团队。杭穉英是月份牌画稿的总策划，由他从工商业界承接业务并起草画稿。李慕白负责绘制画面的主体人物，对人物的脸部、头发等位置进行精细刻画。李慕白起稿的特点是要先后上4层颜色，先用毛笔擦出主体人物的眼睛并勾勒出衣服的形态，待人物大致完成之后，再交给金雪尘画背景。金雪尘紧接着绘制各式室内室外背景和对人物的服装进行修饰，最后交由杭穉英进行整体调整，完成画面的统筹和润色。根据杭鸣时的回忆，月份牌《霸王别姬》的原作便是由杭穉英起稿构思，再由李、金二人在对开大纸上细密刻画人物与背景，最后由杭穉英完成整体修改润色。师徒三人分工合作，用一个星期的时间完成了画稿。

尽管这些大尺幅的月份牌是由画室的核心团队与辅助团队共同完成的，但是最终作品的署名则大多数为"穉英"。一方面，在商品经济繁荣且竞争激烈的社会环境中，设计机构本身也具有商业行为的属性，维护和

❶ 李慕白，1913年生，浙江海宁人，1928年来上海随杭穉英画画，擅长人物画。
❷ 杭鸣时：《装潢艺术家杭穉英》，载于《装潢艺术家杭穉英1901—1947》，海宁市政协文史资料委员会编，2002年，第3页。
❸ 乔监松：《穉英画室研究》，浙江理工大学硕士论文，2010年，第24页。

提升设计机构的声誉，有助于其在竞争激烈的月份牌创作市场中取得业务主导权。"稚英"的署名本身成为"稚英画室"的品牌标志，凭借创作的上乘质量使画室形成集聚的品牌效应。另一方面，月份牌是促进商品销售的辅助物，它本身也具有商品特性，"署名"是对其稳定的创作质量的保证与承诺。

画室另有一套人马专门负责绘制小商标，由宋允中、李仲青、王文彦三人分工合作。宋允中负责绘制礼券，李仲青对于人物和风景都不擅长，但却精于绘制花边和商标，杭稚英让其发挥专长为月份牌绘制配饰。

亚当·斯密在《国富论》中指出："市场越扩张，商品生产的分工就越细。"与商业宣传密切相关的广告订件也呈现出商品生产的分工特征，"稚英画室"在当时月份牌画家中最具代表性，其他月份牌画家大多在大型公司的广告部任职，同时接受社会其他机构月份牌的创作委托。例如，谢之光曾为英美烟草公司和其他机构绘制月份牌，后来又任上海华成烟草公司广告部主任、福新烟草公司美术顾问。周柏生、张荻寒曾在南洋烟草公司广告部任职。稚英画室有能力承接大量的商业美术订件，与分工合作的高效设计工作机制密切相关，鼎盛时期每年创作80余幅月份牌年画，现在各地以"稚英"署名流传的月份牌共有1600多种，许多著名品牌的商标和包装均出自稚英画室，如双妹牌花露水、杏花楼月饼、阴丹士林布以及白猫花布等。

四、印刷机构的技术支持

1937年，抗日战争的全面爆发对中国工商业界造成了巨大打击，商业美术行业也随之受到影响，业务急剧减损。上海苏州河以北成为战场后，许多工厂被炸毁，杭稚英出于抗战避难的安全考虑，也将画室搬入治安设施更为完善的法租界霞飞路街区，租了和合坊17号、18号两幢房子作为画室和家属的住处，1939年后又搬回了山西北路。

苏州河两岸曾是上海大型工厂的聚集地，许多印刷厂也选址于苏州河岸边。据杭鸣时与王坚白回忆，20世纪初的三一印刷厂与徐胜记印刷厂是上海印制月份牌最为精良的两家印刷公司，与稚英画室有着长期的紧密合作。此外，生生美术印刷厂和达华印刷厂等机构也与画室常有业务往来。

在商务印书馆印刷所图画部做学徒的经历使杭稚英熟悉印刷技术，在与印刷厂进行技术沟通时无障碍。1909年成立的徐胜记印刷厂早期为石印厂，后期添置了新式胶版印刷机，发展为上海最早印制画册图片的胶版印刷厂。当时人称"修版大王"的郑梅清为该厂制版部门的主管，与杭穉英关系密切，郑梅清❶对色彩组合极为专业，他善于分色制版，对人物脸部修版极有经验与研究，他将对开版年画的加网线数提高至175线/英寸，这对20世纪40年代采用低线数的大部分厂家来说，极有突破性。杭穉英、金梅生等月份牌画家都指名要求郑梅清制版，常与郑梅清切磋月份牌的印制问题。郑梅清还是一位画家，国难当头时王宬昌曾组织上海多位画家共同完成《木兰荣归图》，郑梅清则为设计者。郑梅清的副手为张宇澄和曹树人，张宇澄擅长国画制版，曹树人则因善修对人物面部极为重要的红版而被称为"老红版"。徐胜记印刷厂在全盛时期曾有22个修版师傅，业务延伸至东南亚，直到上海沦为孤岛后，业务萎缩。❷

由金有成等人创办的三一印刷有限公司的印刷厂位于上海虹口昆明路797号，为当时国内少有的几家有全张全能彩印设备的印刷厂，与位于山西北路的穉英画室相隔不远，业务联系密切。1932年春，杭穉英还介绍商务印书馆的同学，留法留苏归来的印刷专家柳溥庆担任该公司工务部长兼技师长，总管该机构的印刷事务，月薪220银元。❸1934年，金有成在福州路432号开设三一画片发行所。印刷的画片自产自销，发售至南洋，杭穉英为其提供画片画稿。同年，该机构创办八开本彩色月刊《美术生活》，由柳溥庆主持编辑与印刷事务。❹三一印刷公司在1937年8月13日毁于日军炮火之前，凭借先进的印刷器械在上海彩印业独具优势。

杭穉英对制版、修版技术十分重视，他在熟谙印刷技术的基础上对画稿的分色印版进行精细修整，使其月份牌画稿"没有水痕"而便于分色制版，并且由于订量大且有印量保障，因此印刷厂都乐意承印杭穉英的画稿。杭鸣时回忆，来不及修缮画稿的时候，杭穉英便跟制版工人交代清楚，有时修好版后印出来的月份牌甚至比原稿还精美，充分体现了设计师与印刷技师之间的高度默契。

如吉登斯所言，现代社会因专业分工而提升了工作效率，各行业的"专家系统"由于专业技术而获得社会的信誉与信任，穉英画室与印刷厂通力合作，积累设计经验成为商业美术系统的"行业专家"，为社会提供了早期的现代设计服务。

❶ 郑梅清（1903—1992年）早年赴日本学习石印技术，因技艺精湛而被称为"绘石大王"，郑梅清因善于分色制版，徐胜记印刷厂与三一印刷厂的老板都竞相聘请他，最终被徐胜记聘任为制版部门主管，月薪高达200银元。相关资料见《中国印刷工业人物志·第4卷》，中国印刷及设备器材工业协会编，北京：印刷工业出版社，2001年，第36页。

❷ 徐志放：《早期的照相制版回顾》，中国印刷技术协会、中国印刷及设备器材工业协会：《中国印刷年鉴1993—1994》，印刷工业出版社，1994年，第327页。

❸ 周砥：《不尽的思念——怀念溥庆无私奉献的一生》，赵敬盈，《柳溥庆纪念文集》，中国金融出版社，2000年，第72页。

❹ 熊凤鸣，徐志放：《机器彩印年画的先行者金有成先生》，中国印刷及设备器材工业协会，《中国印刷工业人物志·第4卷》，印刷工业出版社，2001年，第17页。

五、都市摩登的文化氛围

从商务印书馆刊发的月份牌广告中可知，杭穉英从20世纪20年代初期便跻身上海月份牌绘制名家的行列。月份牌本身是中西合璧的产物，融合了中国传统年画与欧洲新艺术风格，月份牌画家们精熟于将时新的女性形象绘制于画面中心，反映20世纪初中国都市中的时尚变迁，也在某种意义上塑造着大众的审美倾向。

坊间流传杭穉英与金梅生从郑曼陀将炭精擦笔肖像画与水彩画结合的擦笔水彩技法中得到启发，并改进了郑曼陀画面"黑气"较重的弊病，在探索技法创新的同时，也更新了月份牌的表现内容。

郑曼陀创作的月份牌仕女形象仍带有浓郁的传统气息，人物身处风景秀丽的郊外或环境舒适的室内，而杭穉英笔下出现的则是更为现代、自信的职业女性形象，背景展现了上海日新月异的现代都市景观。杭穉英多渠道吸收文化因素从而形成自身的风格，中国传统木版年画的强烈色彩对比效果给杭穉英以启发，美国迪士尼公司在中国热播的卡通画让杭穉英印象深刻，影响其在月份牌创作上运用鲜艳的色彩。他在创作与日常生活中注重积累素材和资料，画室内部专门设有资料室，订阅一些美国杂志《LIFE》《Esquires》等，如"摩托女郎"的月份牌便是从西洋杂志里借鉴并加以中国化的改造。

杭穉英在绘画工具的选取上也颇费心思，采用刮刀、喷笔等辅助工具。喷笔是当时照相馆常用的工具，杭穉英运用喷笔来处理月份牌画稿中柔和的色彩过渡。他也重视工具材料的采买，画纸选用挪威产的大卷卡纸（时称"码头纸"），质地细密结实，适合擦笔画法，颜料则专门购买美国16色盒装水彩颜料，色彩透明鲜亮，有利于表现各式人物景致。

穉英画室提交设计画稿的方式也极为认真与讲究，杭鸣时曾帮忙做一些装裱工作，月份牌一般镶框配玻璃装裱，小商标与包装设计则衬上黑纸和玻璃纸，最后压上画室钢印，客户对这样专业且敬业的做法赞赏有加。

画室根据画幅的大小来商定月份牌画稿的酬金，从300～800银元不等，每年还承接一两百幅商品包装设计，画室每月的收入大约可购入一辆小轿车❶。而据金雪尘的女儿金聘珍回忆，当时金雪尘一家住在复兴中路三层的新式楼房之中，金雪尘夫妇育有10个孩子，金夫人身体不好，雇了两个保姆烧饭洗衣，所有开支全靠金雪尘一人的收入，可见在抗日战争以前金雪尘的收入是很丰厚的。

1937年日本全面侵华，杭穉英拒绝为日本人绘制月份牌后关停了穉英

❶ 林家治：《民国商业美术史》，上海人民美术出版社，2008年，第109页。

画室的月份牌业务，金雪尘单独作画接活，李慕白则在永安公司文房部设摊位现场为顾客绘制粉画肖像，留守的工作室成员则由王文彦带领继续设计小商标和小广告，从1941年起，杭家靠向旧日朋友借债艰难过日。直到抗日战争胜利后，随着各行各业的整顿复苏，穉英画室也重新开业。杭穉英带领画室同仁齐心协力，几乎是夜以继日地工作，希望尽早还清抗战期间欠下的债务。当时李慕白甚至吃"疲倦丸"来支撑自己集中精神，以完成高强度的工作。经过两年多的努力，画室终于还清了债务，刚松一口气的杭穉英带全家人去杭州游玩。回到上海后，由于之前的过度劳累未能及时缓解，杭穉英于1947年9月17日突发脑溢血骤然去世。

"穉英画室"是杭穉英去世后由父亲杭卓英正式题字命名的，实际上以金雪尘、李慕白二人合作为支柱，画室存在的意义是为了将杭家尚且幼弱的下一代抚养成人。"穉英画室"一直持续到长子杭鸣时、长女杭观华从学校毕业之后方才解散。这一家庭式印刷设计机构中，雇主与员工之间由于姻亲、同事、同乡等身份连接而形成比一般雇佣关系更为深厚的情感纽带，穉英画室的运营模式，脱胎于中国从传统向现代过渡的社会发展环境，既有传统家族企业的影子，又有西方新型设计机构的影子，是一种组织形式的创新。20世纪初在中国本土成长的现代设计机构带有欧美设计组织所不具备的一些特征，原先缺乏设计的产业结构中嵌入的设计生长点灵敏地吸附周边的文化、技术、产业、商业的资源，形成一个个设计成长的实体，体现为多元的设计组织形式，构成中国现代设计的独特面貌。

第三节 联合广告公司：设计的现代企业管理

月份牌广告是一个相对独立的广告创作类型，除此之外，报刊上刊载的黑白广告画、街道马路上的路牌广告、百货公司橱窗布置等丰富多样的广告形式构成了都市里令人目眩神迷的物质景观，这些类型的广告则多数由专门的广告代理机构来完成。

在工商业繁荣的社会环境中，广告是商业繁荣的助推力和产业发展的促进剂。"上海广告公司林立，考其内容，或则徒拥虚名，不过专恃两三种杂志以维持；或则仅有公司之名，并写字间而亦无之。"[1]上海最早的"广

---

❶《商学期刊》（1929年第2期）上刊载有根据华商广告公司总经理林振彬的演讲发言整理的《中国广告事业之现在与将来》一文。

告代理商"是由"广告捐客"进化而来的,如郑端甫、林之华、严锡圭等人便专门为《申报》《新闻报》代售广告版面,并委托自由职业画家设计广告画稿。上海四大广告公司之一的华商广告公司的创办人林振彬曾这样评述广告行业与其他社会组织之间的关系:"广告业务包含三方面之关系,其一,为广告人,其二,为出版界,其三,为广告公司。" 林振彬指出了广告界与出版界之间的密切合作,广告公司网罗一批商业美术人才,与出版业界形成密切的出版印刷业务联系,为各领域的商业界和实业界提供广告代理服务。

由"广告捐客"发展而来的小型广告公司,开创了中国现代广告公司的先河。19世纪末至20世纪初期,中国早期的广告代理机构规模很小,而且呈零星分布的状态。根据老广告人徐百益的回忆,1909年由王梓濂创办的"维罗广告社"是"早期由中国人创办的广告代理公司,好华、中西、耀南、伟华、大达、伯谦、上海大声等广告社均为上海早期由本土广告代理商、经营管理者设立的广告社。"❶随后,西方资本与商人、留学海外的归国人士也纷纷在上海开办广告公司,迅速形成具有多种机构形态的广告从业生态。

广告行业的热闹与繁荣,是伴随着20世纪在西方列强经济侵略的缝隙中,中国商业与产业如火如荼的短暂黄金期发展起来的。到了1946年,在"上海市广告同业公会"登记的广告公司已经达到了85家。❷其中,几家由外商设立的广告公司向上海的广告代理行业引入英美广告公司的经营管理模式。如贝美广告社,1915年由意大利人贝美在上海创立,是外国商人在中国创办的第一个广告公司,主要经营户外广告。1918年,美商克劳广告公司成立,1921年,英商美灵登广告公司成立❸,这些公司均雇佣了广告画家和广告文案撰写人员。

实力雄厚、信誉优良的广告公司一般具有稳定的机构设置和明确的人员分工,在商业美术竞争中往往较有优势。"所谓健全有力之广告公司,如为经营报纸及户外广告者,必有充足之设备,优长之服务,其专门编撰小册,译述目录,印发传单,或通函等直接广告者,必须有专门之撰述人才及商业图画人才。"❹

上海的广告界人才辈出,各个广告公司、报刊、企业的广告部中也涌现出许多广告画家。如李叔同1912年在《太平洋报》担任美术编辑期间,

❶❸ 徐百益:《老上海广告的发展轨迹》,益斌、柳又明、甘振虎,《老上海广告》,上海画报出版社,1995年,第6页。
❷ 上海档案馆馆藏档案,S315-1-9,《上海市广告商业同业公会同业登记表》。
❹《商学期刊》(1929年第2期)上刊载有根据华商广告公司总经理林振彬的演讲发言整理的《中国广告事业之现在与将来》一文。

曾为该报纸绘制了不少广告画和题花装饰。杨清磬、庞亦鹏、丁浩、徐少麟、孙雪泥以及丁悚等人都是活跃在报刊领域的黑白广告画家。丁悚为早期报刊上知名的广告画家，他既在英美烟草公司任职，还在业余时间接受其他机构的委托来画广告画和书籍封面设计等订件。庞亦鹏则是华商广告公司的黑白广告画的创作主力。

在中国人创办的广告公司中，要数两位赴美留学归来的人士所创办的广告公司机构规模最大。它们便是林振彬1926年创办的华商广告公司和陆梅僧于1930年联合郑耀南等人创办的联合广告公司，这两家广告公司与美商克劳广告公司、英商美灵登广告公司并称为20世纪初上海的四大广告公司。另外孙雪泥所创办的"生生美术公司"也是上海重要的商业美术创作与印刷机构。

知名画家丁浩的人生第一份工作便是在联合广告公司里当学徒，由此开启了他的美术生涯。据丁浩在访谈中回忆，他于1933年1月9日进入联合广告公司当练习生，联合广告公司是20世纪初上海最大的广告公司❶。

联合广告公司的主要创办人是陆梅僧。他与华商广告公司的创办人林振彬有着相似的求学经历。陆梅僧（1896—1971年）1913年考取了北京清华庚子赔款留美预备班，由于在清华读书期间表现活跃，1919年"五四运动"爆发时被选为清华大学学生会代表到上海组织全国学生联合会，也因此认识了《申报》馆经理史量才并深得其赏识。1920年，陆梅僧因家中难以筹措赴美留学巨款而求助于史量才，史量才特聘陆梅僧为该报美国特约记者，并且预支稿费资助他赴美留学。陆梅僧在美国顺利完成学业，并取得了商业经济的学士和硕士学位，同时还在美国环球广告公司担任华文主任❷，美国商业文化的繁荣深深地刺激了这个留美学子，环球广告公司是当时纽约规模较大、组织健全的广告代理组织，这段工作经历让陆梅僧积累了回国开办广告公司必要的实践经验，并且攒下丰厚薪水作为回国后的创业基金。

1926年，陆梅僧学成回国，史量才在《申报》的重要版面介绍："陆梅僧的学识经历和求学时期的实际爱国活动。"❸他还设宴介绍陆梅僧与上海各界贤达相识。陆梅僧很快便在多家大学担任广告学讲师，并且成立了大华广告公司，主要代理《申报》的广告业务。

1930年5月，通过《申报》经理张竹平❹的撮合，陆梅僧的大华广告公司、郑耀南的耀南广告社、商业广告社、一大广告社四家广告机构集结起来，借申报馆的空余房屋（上海山东路255号）创办了联合广告公司。1931

---

❶ 丁浩访谈，2010年3月，参与人：哈思阳、孙浩宁、张馥玫。

❷ 李元信：《环球中国名人传略上海工商各界之部》，环球出版社，1944年，第158页。

❸ 江纪生：《陆梅僧——中国联合广告公司创办人》，政协宜兴市文史资料委员会，《宜兴文史资料》第19辑，1991年，第151页。

❹ 据徐百益回忆，张竹平最早办的是"联合广告顾问社"，后来发展成联合广告公司。（引自徐百益：《八十自述——一个广告人的自白》，徐百益，《中国广告人风采》，中国文联出版公司，1995年）

年由国民政府实业部发给营业执照，联合广告股份有限公司股本总金额为7万元，分为700股，每股银数为100元，从股东中选董事与监察人，张竹平、汪英宾、郑耀南、陆梅僧、姚君伟任董事，陆守伦❶和王鹭（莺）为监察人。❷

一、市场需求与业务能力

据丁浩回忆，4家公司原先都有基本业务和固定客户，联合广告公司的4个老板都有很强的业务基础和业务能力，相当于4名客户经理，和《申报》《新闻报》等报纸关系密切，并承包了报纸版面。"其中一个老板是广东帮，广东人的广告便由他包揽了，另一个是商业广告大王，商业公司的业务都是他拉来的。"❸当时上海滩上的广告公司之间竞争十分激烈，由于陆梅僧与《申报》关系密切，联合广告公司买断了《申报·本埠增刊》首版广告位置的代理权限，永安公司的广告原本委托狄芝生，有一次大减价指定要将广告刊登在《申报·本埠增刊》的首版，狄芝生无法拿到这个指定的版面位置，只好退回永安公司的广告底稿，而联合广告公司则趁机为永安公司刊登了广告，并就此接下了永安公司的广告代理业务。❹

中医陈存仁在回忆录《银元时代生活史》中讲起他为创办《康健报》筹措经费时，由联合广告公司的郑耀南帮他与药商签订广告合同的过程，从中也可见当时广告公司的运作方式，广告公司协助客户谈成广告合同，并代收广告费，再从中抽取佣金。上海富豪朱斗文帮陈存仁在"生意浪"（当时许多生意都在风月场所里协商）约了一桌"花酒"，请上海几大药业老板袁鹤松、周邦俊等人赴宴（五洲大药房的黄楚九后来在其自建的"知足庐"签了合同），席间请他们包《康健报》的广告，陈存仁则请郑耀南一同赴宴，郑耀南事先预备好8份合同，在酒席间便将合同签订了。尽管老板签好合同，但下面在具体运作时广告费可能会被拖欠，这时广告公司便会代客户去收取广告费，再在其中抽取佣金。每家药业公司在每期报纸上登广告一格，"计费4元，全年52期，一共200元，8份合约即可收取

❶ 据《宁波帮大辞典》（金普森、孙善根主编，宁波出版社，2001年，第149页）定海人陆守伦1902年出生，曾担任过上海联华广告公司、联华营业公司的董事兼经理，舟山轮船公司监察、联合广告公司常务董事、上海市广告商业同业公会理事长等职务。
❷《联合广告公司》的"申请设立登记呈（1931年9月17日）"与"国民政府实业部执照（1931年11月16日）"，收录于《旧中国的股份制（一八六八──一九四九年）》，上海市档案馆，第376、377页。
❸ 丁浩访谈，2010年3月，参与人：哈思阳、孙浩宁、张馥玫。
❹ 平襟亚，陈子谦：《上海广告史话》，上海市文史馆，上海市人民政府参事室文史资料工作委员会，《上海地方史资料（三）》，上海社会科学院出版社，1984年，第140页。

1600元"，这对于一份报纸来说，是一笔相当可观的运营资金了。

1943年，联合广告公司扩充其业务版图，向王万荣的荣昌祥广告社投资2.5万元，合资成立荣昌祥股份有限公司，成为20世纪40年代规模最大的路牌广告公司，几乎包揽了上海的全部路牌广告。

二、广告部的人员构成

在20世纪初上海各式广告设计机构中，联合广告公司的广告部是规模最大的，广告画制作人员经常流动，但联合广告公司广告画的制作人员的基本规模保持在 15 人左右，如图5-2所示。

图 5-2　1939 年联合广告公司图画部部分职员合影

曾在英美烟草公司任职的王鹗（莺）为联合广告公司的广告部主任，王鹗（莺）依照英美烟草公司广告部的架构来组织联合广告公司的广告部，专设图画部。由于公司业务广泛，图画部根据画种设有黑白广告画部、彩色广告画部和广告牌部等部门，另外还有专写广告策划与宣传文案的工作人员。

当时联合广告公司广告画家的阵容非常强大，有马瘦红、张子衡、张以恬、钱鼎英、陈康俭、黄琼玖、周冲、柴扉、胡衡山、王通、张雪父、陆禧迳、张慈中、夏之霆和丁浩，共15人❶，除此之外，还有周冲、汪通、叶

---

❶ 丁浩：《上海——中国早期广告画家的摇篮》，上海广告年鉴编委会，《上海广告年鉴2001》，上海文艺出版社，2002年，第149页。

心佛、方成、陆允龄等人也曾在联合广告公司供职[1]。

　　这些设计师中既有从国外留学回来的，如黄琼玖与陈康俭曾留学美国，黄琼玖是女设计师，她于1939年从美国回来后在联合广告公司任职；也有在上海的美术教育院校毕业的，如柴扉（1902—1972年）毕业于上海美专，陆允龄在土山湾习艺，另外还有像丁悚这样由广告公司的练习生起步的广告画家，这些人可谓"草寇英雄"，丁浩在当练习生的时候极为勤奋，陈康俭指点过他，丁浩为了学好人体画，将黄琼玖从美国带回《人体结构和解剖》全部用拷贝纸勾描下来，功夫不负有心人，后来的丁浩凭借其所画的美女在上海黑白广告画界声名远扬。

　　广告部还聘请了两三个专业撰稿人，徐百益（1911—1998年）便是在其中成长起来的广告撰稿人，他于1930—1941年在联合广告公司任职，1934—1935年先后在英国狄克逊广告学院和班纳德学院专门研修广告学，1936年在联合广告公司主编《广告与推销》杂志，先后加入英国广告协会、国际广告协会、美国市场营销协会及美国公共关系协会等。最早的《中国广告简史》便是由徐百益编写，还在国外发行了英文版。

三、广告公司的薪酬制度

　　联合广告公司采用较为合理的激励机制，为了增强企业活力，每月按公司业绩考核分红。据徐百益回忆："初级职位月薪30元，营业部主任的月薪为100元外加营业毛利提成，而客户经理和图画部主任则是月薪260元外加分红。"[2]据丁浩回忆，他进入联合广告公司之后，先是当了两年的实习生，工资是8元，实习生由公司供吃供住，每天5点钟下班，一天要画好几张画稿，工作量大且较为紧张；两年实习期满之后，便成为初级职位的小职员。图画部的职员构成十分丰富，有从美国回来的（如陈康俭），有师傅带徒弟带出来的，也有从上海美专毕业的。丁浩22岁时，工资已经是全公司广告画家中最高的，为"大洋一百多一点"。

　　与穉英画室的署名权益做法相近，联合广告公司也注重维护公司的整体品牌形象，不允许图画部员工在创作的广告画上署名，所有广告画家的创作成果集中呈现的是联合广告公司的整体信誉与创作面貌。一方面，企

❶ 徐百益：《广告实用手册》，上海翻译出版公司，1986年，第55页。
❷ 张树庭：《广告教育定位与品牌塑造》，中国传媒大学出版社，2005年，第221页。

业想要留住人才，担心广告画家名气一大便会离开公司；另一方面，技艺纯熟而又默默无名的广告画家，其薪酬成本也远远低于有名气的明星设计师。丁浩之所以在上海报界出名，便是由于这个原名丁宾衍的青年为了补贴家用，除在联合广告公司任职之外，还在业余时间为其他小广告公司画稿时署名"丁浩"而一炮打响了名声，如图5-3所示。

图5-3　丁浩设计的白猫花布黑白广告画（20世纪30年代）

四、欧美机构为主导的广告业

20世纪初在上海繁荣的广告业中，仍以欧美商人创办的机构为主导。除了联合广告公司与华商广告公司之外，四大广告公司中的克劳广告公司与美灵登广告公司均由外国商人所创办，由于创办人不同的行业背景而形成不同针对性的业务能力。

克劳广告公司在上海创办于1920年左右，老板克劳本身曾为新闻记者，对广告运作十分熟悉，公司的主要客户有中国肥皂公司、波罗笔尖等知名品牌与产品。与华商广告公司、联合广告公司相同，克劳广告公司也为当时的广告设计界培养了一批兼具设计、策划能力与业务能力的人才，如柯联辉、特伟、胡忠彪、周开甲等人。[1]柯联辉于1918年进入克劳广告公司，1921年又去了法商法兴印刷所的广告部，1924年他自己创办了联辉广告社，他是后来在上海以喷绘著称的"柯家班"的发起人。特伟和胡忠彪

❶ 徐百益：《广告实用手册》，上海翻译出版公司，1986年，第55页。

等人在离开克劳广告公司之后，也都在上海的商业美术界闯出了自己的一片天地。

美灵登广告公司是由英国人美灵登创立的，美灵登原是华童公学的童子军教练，刘鸿生等人为公司董事，该公司主要从事路牌广告，并且承包了上海电话公司的电话号码簿广告，撰稿人为韦应时，委托俄国画家设计广告画稿，日伪时期所有英美资本撤出上海，日本人接手后将其改为"太平广宣公司"❶。

相对于华商广告公司和联合广告公司，克劳广告公司和美灵登广告公司的画家流动性较大，并没有形成稳定的设计团队。上海的这四大广告公司"都带有'美国式'的工作模式，主要表现在重视广告撰稿人和广告画家。"❷

除了四大广告公司之外，王梓濂创办的维罗广告社在上海也具有较大的影响力，卜内门、信谊药厂等化工与药业系统的企业是维罗的固定客户。曾在维罗任职的广告画家有蒋赖英，沈凡（漫画家，短期在任）、王逸曼、周守贤等人。随着信谊药厂的规模扩大与产品竞争的需要，王逸曼、周守贤后来便从维罗转到信谊药厂的广告部任职了。专业广告公司与企业内部的广告部门之间形成了在设计人员配置上的流动，可见产业发展与广告业务之间密切的关联性。

日本侵华战争爆发后，上海的整个广告业界都受到了沉重打击，抗战期间广告生意冷淡。1937年陆梅僧所住的大夏大学新村居宅被日寇炸毁，他自己身受重伤。各大广告公司由于业务下降也难以维持原先的规模与效益，业已成长而具有实力的联合广告公司的员工也陆续离开大公司而自立小门户。

1942年丁浩离开联合广告公司，先和蔡振华加入了由之前在联合广告公司的同事俞惠东、徐百益组建的"惠益"广告公司，为几个小广告公司提供画稿。抗战胜利后，丁浩又单独以"丁浩画室"开业承接设计稿件；华商广告公司的图画主力庞亦鹏离开华商自创"大鹏广告社"后，林振彬还请丁浩去华商兼任图画部的主任；陈康俭后来也离开联合广告公司，担任了南洋兄弟烟草公司的广告部主任，并从联合广告公司拉去王通，从英美烟草公司拉去唐九如，形成广告创作团队。

月份牌招贴与商业广告画的繁荣，反映了20世纪初以上海为代表的现代都市所具有的独特商业文化氛围，在这样的氛围中形成的商业美术业态，偏向于社会现实的一极。中国近现代时期的商业美术适应产业发展与商业市场的需求，以甜熟的面貌来应对大众的审美喜好。

与社会现实遥遥相对的另一极，是一些艺术家对于中国早期现代设计

❶❷ 徐百益：《广告实用手册》，上海翻译出版公司，1986年，第55页。

所具有的理想化愿景，由于与现实的社会需求相去甚远而难以取得长时期的商业成功。陈之佛的尚美图案馆、庞薰琹的大熊工商美术社等商业美术机构便是上海设计组织与机构中存活时间较短的，均由于艺术家的业务能力不足而无法挖掘足以维持机构运营的市场需求，开办时间不长便宣告停业。稚英画室与联合广告公司则站在现实而务实的一极，在机构运营机制上呈现出完善与灵活的面貌，在商业美术创作面貌上则结合产业与商业的需求，在迎合大众审美偏好的同时也巧妙地融入对时代与潮流的把握。

大型广告公司也是服务于各行各业的商业美术人才的培养皿，广告公司在组织机构创建初期便受西方现代企业管理制度的影响，也受到欧美植入的《公司法》的制约，上海早期的设计机构的组织形式呈现出从独资、合伙制向公司制过渡的趋势❶，这也意味着中国现代设计体制的逐步完善与发展。

❶ 曹汝平：《〈公司律〉与上海早期美术设计机构》，《创意设计源》，2016 年 4 期。

第六章

‖ 结论

第一节 现代性的追寻

现代性是近一个多世纪以来中国社会各领域所面临的一个普遍性情境与聚焦性命题。在20世纪初的社会发展语境之下，现代性从某种程度上几乎是西方现代文明的代名词，而正是对西方文明、西方艺术的接触，点燃了中国现代设计师们的求知欲和想象力。他们一方面如饥似渴地学习西方文明经验，并在很长时间内蒙受着西方文化的滋养，另一方面又对中国固有的传统文化与艺术形式保持自信心与探索求新的勇气。一批批以"革新中国文化"为使命的先驱者自身所具备的素质、眼界与魄力，也决定了这个时代是一个电光火石、新与旧、中与西、传统与现代激烈碰撞的年代。中国知识分子在"五四运动"时期追寻的有关中国社会政治、制度与文化进步的议题，体现了中国人两千年来从未如此强烈的"智性勃发和怀疑精神"❶。

现代性的主体性，在某种意义上也是对于实践现代性的主体人群的考察。"现代性的底蕴与本质规定是主体性，其中包含科学性和价值性两个基本维度，其具体体现就是对科学理性和个性自由的追求。所谓'中国现代性'，就是中国现代化过程的质的规定性，它体现在中国现代化实践、道路、模式与理论之中。"❷在中国近现代印刷设计的具体情境之中，印刷设计的从业者与相关组织机构，是实践现代性主体的重要构成。

现代性是一个包容广阔的"整体性"概念，在维特根斯坦与本雅明的论述中，现代性是一个具有家庭相似性或星丛式特征的概念，它的"整体性"特征使它与许多理论紧密连接，并涉及了经济、文化、制度、技术等领域的现代问题❸。现代性本身的内在矛盾，通过启蒙现代性与文化现代性这一对现代性内部的冲突而得以表现。启蒙现代性以科学

---

❶ 史景迁著，温恰溢译：《追寻现代中国》（电子版），时代文化出版社，2001年，第177页。

❷ 侯才：《"中国现代性"的追寻：对当代中国哲学发展主张的一种描述》，《哲学研究》，2010年第4期。

❸ 赵静蓉：《怀旧 永恒的文化乡愁》，商务印书馆，2009年，第204页。

技术的进步与理性秩序的贯彻为标志；文化现代性以关注感性欲望与审美需求为标志。两者之间所呈现的现代性冲突，体现了现代社会制度与文化之间的张力与制衡，呈现出既对立又互补的关系。

在中国近现代历史进程中，从事印刷设计的现代设计师与设计机构，从现代设计的层面实践着中国现代性的主体性。在以印刷媒介作为最具革新性的传播媒介的近现代时期，启蒙现代性与文化现代性两者之间的矛盾，在印刷设计领域有集中的呈现。印刷设计提供了从视觉文化的角度来讨论现代性矛盾的可能，技术现代性与审美现代性的矛盾也集中塑造了中国近现代视觉摩登的典型案例。近现代中国印刷设计的现代性追寻，体现在对技术现代性与审美现代性两种现代性的关系思考之上。

启蒙现代性，表现为工具理性与社会秩序的建立，在中国积贫积弱的近现代语境中，中国知识分子所追求的现代性更侧重于通过民主、科学等西方先进观念与技术的引入，改进中国的社会制度与科学技术水平，最终完成民族国家的强大复兴。这样的追求，与西方的启蒙现代性仍有所差异。张灏和葛兆光等研究中国近现代思想史的学者认为，1895年是中国近代思想史与文化史上的关键转折点，中日甲午海战的战败，使中国知识分子从"在传统内变"转向了"在传统外变"的认识，从1895—1919年"新文化运动"成为"中国从传统向现代转型的关键历史时间"，这一时期也出现了影响社会发展的新因素，现代出版业、学校、文学与艺术社团等的形成，推动了新的知识、新的观念与新的表达方式[1]，而印刷媒介则是促成这些社会革新的重要技术手段。

"以机器印刷为主要特征的近代传播媒介，是社会生产力的一个重要方面。它作为工业革命的经济成果，构成了20世纪初中国文学变动的一个内在动因。"[2]由于图像出版与传播对于印刷技术的依赖程度更高，印刷技术的发达和进步成为促进商业美术发展的一个重要客观因素。20世纪初的上海，出版业与商业美术都随着新印刷技术的传入而出现相应的变化，书籍报刊的封面、月份牌、香烟牌子、报纸广告和产品包装等以纸为媒介的出版或商业美术门类，都受到特定时期印刷技术条件发展的不断刺激，努力摆脱原有技术的制约来求得更为领先的发展。凸版印刷技术（如铅印活字、照相铜锌版印刷），平版印刷技术（如石版印刷、珂罗版印刷和胶版印刷等），凹版印刷技术（如影写版印刷技术）在19世纪末20世纪初陆续传入中国，并纷纷在上海印刷界率先使用，刺激了画报和月份牌等新的商业美术形式的产生，从而使印刷设计活动与印刷设计的呈现面貌进一

---

[1] 葛兆光：《序》，复旦大学历史系，《中华书局与中国近现代文化》，上海人民出版社，2013年。
[2] 黄修己：《20世纪中国文学史》，中山大学出版社，2004年，第20页。

步丰富和生动起来。

中国近现代印刷设计的发展，是以对现代印刷技术的掌握与应用为前提的，印刷出版领域的技术与制度革新，从一个侧面体现了中国现代社会发展变迁的内在动力。随着印刷技术的发展而产生的中国近现代印刷设计丰富了上海的物质文明，并以视觉文化的形式呈现出来，而印刷设计活动发展的历史脉络也印证了技术条件的引进与革新，对于中国现代设计的发展具有现实的推进作用。

中国近现代社会的重大问题是现代化与民族化之间如何调适的问题。印刷设计的层面也与大的社会思想与文化环境相响应。启蒙现代性与文化现代性两者之间的矛盾，在印刷设计领域形成了集中的呈现，从视觉文化的角度来讨论现代性的矛盾，即技术现代性与审美现代性的矛盾。对西方先进印刷技术的全盘接受与主动改进，对西方现代文化因素欲拒还迎的态度，尤其在设计师出版的层面反映出中国设计现代性的实践主体颇有矛盾的文化心理。

文化现代性体现了知识分子对于社会现代性的批判与反思，既体现了对西方外来文化的接受与改造的过程，同时又是对中国固有传统的反思与再定义的过程。中国近现代的知识分子从承载着社会历史与文化的故纸堆中，创生与社会现实连接的价值与意义。审美现代性是文化现代性在艺术设计领域的集中体现，西方19世纪末20世纪初的社会批判与反思引发了艺术先锋派对审美现代性的追求，并在中国自身特有的语境中出现与西方审美现代性相呼应的艺术探索。20世纪初曾出现以鲁迅为首的作家与艺术家推崇与模仿英国插画家比亚兹莱艺术风格的热潮。上海、北京等地均出现了比亚兹莱的中国镜像创作现象，一批画家追随比亚兹莱的颓废美学进行创作，如叶灵凤便是以模仿比亚兹莱的艺术风格而受到追捧与批评，艺术家的作为既自发地应用启蒙现代性中的技术优势来作为创作的基础，又从审美现代性的角度下意识地批判当时的社会文化环境。在技术与制度层面理性地接受现代性规约的同时，近现代印刷设计也从视觉文化层面参与中国近代公共舆论空间的建构、民族国家形象的塑造，在中西方文化碰撞的时代背景下呈现出独特风格，并成为最为广泛应用的传播媒介，集中反映了中国近现代社会的大众审美与现代生活观念。

因此，印刷设计由于印刷出版媒介本身的特殊性，集中体现了中国社会对西方现代性观念的接受与批判。技术现代性，在印刷出版领域呈现为印刷技术的转型与发展，这是中国现代出版业产生的前提，是中国现代文化工业出现的重要技术基础，现代设计也是中国现代文化生产的一个重要组成部分。中国的现代性问题，既是中西方文化碰撞的问题，也是传统与现代转化的问题。中国近现代印刷设计，并不是简单地跟随西方现代出版与商业美术的车辙前行，而是开辟出具有独特文化与思想背景的方向性与可能性。纵观中国近现代印刷设计形式与内容的变化，也从一个侧面体现了中国平面设计从传统向现代的转化，反映了中国现代平面设计意识发生与发展的过程。

第二节　丰富多元的近现代印刷设计

《上海美术志》介绍"美术设计"的概念时，对美术设计与社会环境之间的密切联系有简要的论断："美术设计与其他绘画样式不同的是，它是社会经济、科学技术和文化艺术的结合。因此，它的发生、发展，既与上海城市工商业的产生、进步、发展同步，又与上海的政治、经济、文化的兴衰相伴与共。"❶印刷设计作为美术设计中的一个重要门类，其发生与发展的历程折射出中国社会经济、政治、文化的现代化进程。对中国近现代印刷设计的研究，应建立在结合中国的视角与中国近现代的问题意识两个方面来展开，放置于全球化的经济与社会文化背景之下进行考察。

中国近现代印刷设计领域的发展与成就，从一个侧面反映了中国现代设计的发展。出版印刷领域的现代设计实践，只是19世纪以来中国在现代化进程中的一个小小注脚。然而，通过各式出版物与印刷品所呈现的视觉文化，折射出中国近现代社会的文化特征。

西方现代印刷技术的引进与中国本土印刷技术的革新、企业管理机制的现代化、行业协同机制的逐步成型等，促成了具有批量化生产特征的印刷设计生产模式，塑造了以上海为代表的都市物质文化景观的现代镜像。中国近现代印刷设计具有以下基本特点。

（1）在设计思维与印刷技术的有效互动中，建立起印刷、摄影等新兴技术与印刷设计发展的共生关系。

（2）出版人群体与平面设计力量的集聚，在学习西方设计技术与文化的同时，提升了国内以印刷出版为主要视觉媒介的设计表现能力。

（3）由印刷设计推进的媒体舆论渠道，在拓展出版与商业的同时，增进了社会舆论空间的构建。

（4）中国近现代印刷设计的诸多成果构建了中国现代社会的视觉文化景观。

---

❶《上海美术志》编纂委员会：《上海美术志》，上海书画出版社，2004年，第111页。

第三节　印刷设计体制的自我完善

印刷设计组织与机构是中国现代设计领域中最早对设计现代性进行实践的群体之一。设计师的主体意识在中国近现代印刷设计实践中渐渐清晰，现代设计迅速发展为一种定义较为明确的职业形态，以"商业美术家""书籍装帧家"等身份，完成现代设计的职业构建与身份转型。印刷设计组织机构在体系架构上的完善、管理制度上的发展、设计成果上的丰富多样，在商业繁荣与产业驱动的社会环境中形成了一定的印刷设计业态规模，展现了中国近现代印刷设计体制的逐步完善。

设计师成为现代社会分工中的一种现代职业。制度的现代性，最终由人的主体行动来完成，设计师作为设计行为的主体，在中国近现代印刷设计实践中逐步完成了设计师自身的职业化进程。设计师的主体意识也被时代环境所激活，设计师的设计活动虽受特定历史条件的印刷技术所限制，但在技术限制与技术更新的过程中，设计师的主动性也得到了充分的刺激与发挥，从而完成了多项印刷设计的革新。

从设计组织与机构的层面来看，组织机构的成熟、管理制度的完善，促进了现代设计的发展。本书所分析的3种不同类型的印刷设计机构具有不同的体制特征，在机构运营与管理机制上各有侧重，占有不同的市场领域与服务对象，构成了逐步完善且结构层次丰富的中国近现代印刷设计体制。

大型出版机构中的美术与设计部门是中国现代设计体制的起点，在文化出版与信息传播的过程中，产生了最早的商业美术需求，具有培育中国近现代印刷设计体制的性质。以商务印书馆、中华书局为代表的诸多文化机构在印刷出版业务的拓展过程中，培养了上海最早的一批现代设计人才。除了技术层面的革新之外，设计体制层面的革新也逐渐完成，西方管理制度与经营理念影响了中国现代企业的建制与运营方式，企业化的现代管理成为大型印刷设计机构的重要运营依据，印刷设计是完整成熟的出版企业运行机制中的一个必要环节与链条，与机构中的其他出版部门共同协作，构成了完整的现代出版企业管理机制，机构中所培养的美术设计人才，服务于印刷出版中具体的印刷设计需求，并培养出中国最早的现代设计人才。

设计师出版是独立设计师与小型出版机构之间所形成的灵活合作模式，与大型出版机构中的美术与设计部门相比，设计师出版在印刷设计创作上具有更多的自主权，可以展现出更大胆、更激进的文化探索；与商业美术设计机构相比，设计师出版具有更强的社会批判性与更独立的创造性。因此，设计师出版的印刷设计成果，呈现出跨文化交流的明显特征，体现近现代时期中国知识分子对于审美现代性的自觉追求。

　　商业美术设计机构则反映了中国近现代印刷设计中最接近世俗社会审美与商业需求的一极，这些规模较小、分散而又富于活力的独立设计机构和商业网络之间相互交织，塑造了都市商业背景下的视觉摩登。商业美术机构从产业发展与商业竞争的社会环境中吸附了能量与资源，机构运营与商业美术创作在促进工商业发展的同时，也推动了设计文化自身的发展与变迁。一方面，传统的师徒制和家庭式的管理方式，在小型印刷设计机构中仍有很深的烙印。稺英画室的运营模式，脱胎于从传统向现代过渡的社会发展环境，既有传统家族企业的影子，又有西方新型设计机构的影子。这是一种组织形式的创新，体现20世纪初中国本土设计机构不同于欧美设计组织的一些特征。另一方面，广告公司受到欧美国家相对健全的广告设计管理运营制度的影响，呈现出企业管理制度上的完善与发展。

　　19世纪下半叶至20世纪上半叶的一百多年中，尽管西方列强对中国经济的强力入侵与政府当局的更迭管控，在抗日战争全面爆发以前，中国社会仍有一个相对平稳的产业环境，城市化与商业化同步发展，经济增长、技术发展上升的产业经济环境是现代设计诞生的肥沃土壤。但随着设计机构的发展成熟与设计师的职业化，中国的现代设计在社会文化、经济、技术、制度等因素的推动下，形成了独立的产业形态，实现了设计体制自身的逐步完善。

　　"晚清以来的近代化转型为中国千年未有之大变局，近代出版文化也是千年未有之新文化。以官、私、坊刻为系统的传统出版走向衰弱，以教会出版和官书局为先导，民营出版企业为主体的近代出版逐渐孕育出全新的出版观念、制度与出版物，形成了近代出版文化。新出版文化是社会转型与文化模式变迁的结果，与传统社会的出版文化有显著区分。"❶

　　中国古代结构稳定且传承悠久的雕版印刷技术，在生产方式与生产能力上已经无法适应中国近现代社会环境中所要求的具有全新结构的社会大众群体与其丰富的社会交往行为中的文化需求。印刷技术从传统雕版印刷的形式转向了大规模的机械工业印刷形式，文化生产的方式发生了重大转变。在中国近现代文化启蒙的大时代背景之下，不同社会阶层皆出现对于知识与信息的渴求，于是也出现了各式各样不同类型的印刷出版物。而西方现代印刷技术与企业管理制度的传播与应用，使近现代的出版印刷活动无论从地理空间的广度或者是社会接受群体的规模上，都远远比中国传统印刷活动要扩大得多，"要实现这种广泛大量而且内容快速更新的信息传

❶ 肖东发，于文：《百年出版文化与中华书局核心价值观》，复旦大学历史系，《中华书局与中国近现代文化》，上海人民出版社，2013年，第1页。

播活动，必须借助产业化的手段，由专门化的出版机构来组织生产，物质生产部门和全国性商业网络相配合，才能有效解决文化生产中的资源投入和生产持续性问题。"[1]中国近现代印刷设计在独特的出版传播环境中形成了具有一定规模的产业形态。

19世纪末20世纪初在中国印刷设计领域发生的活动与相关成果，既植根于中国传统文化的基础与历史现实，又夹杂着中国设计界在西方文明冲击东方文明的过程中，转身自省的反思与再创造。新经济体制、新文化思潮和新艺术实践等，所有这些在时代的撞击之中产生的新兴因素共同构成中国在近现代这一特定历史时期中独特的社会经济与文化状态，而中国现代设计也在其中应运而生，不但形成最初的设计意识，而且还在与中国社会相适应的发展过程中获得一种独特的面貌。早期的印刷设计正是在这样的背景之下，形成了中国独有的现代设计模式，尽管与欧洲工业发达国家同时期的设计艺术相比，它还显得稚嫩甚至脆弱，然而因为与中国社会的融洽与适应，中国近现代设计体制具有鲜活的生命力。

中国近现代历史时期的印刷设计师与设计机构，作为中国在设计领域的现代性实践主体，他们所参与的印刷设计创造了多元的视觉文化，形成结构层次丰富的印刷设计体制，从技术层面、制度层面与文化层面促进了中国设计从传统向现代的转型。

[1] 肖东发，于文：《百年出版文化与中华书局核心价值观》，复旦大学历史系，《中华书局与中国近现代文化》，上海人民出版社，2013年，第4页。

参考文献

[1]　万启盈. 中国近代印刷工业史 [M]. 上海：上海人民出版社，2012.

[2]　于翠玲. 印刷文化的传播轨迹 [M]. 北京：中国传媒大学出版社，2015.

[3]　钱存训. 中国纸和印刷文化史 [M]. 桂林：广西师范大学出版社，2004.

[4]　张秀民. 中国印刷史 [M]. 杭州：浙江古籍出版社，2006.

[5]　张树栋. 中华印刷通史 [M]. 北京：印刷工业出版社，1999.

[6]　彭俊玲. 印刷文化导论 [M]. 北京：印刷工业出版社，2010.

[7]　井上进. 中国出版文化史 [M]. 武汉：华中师范大学出版社，2015.

[8]　范慕韩. 中国印刷近代史初稿 [M]. 北京：印刷工业出版社，1995.

[9]　项翔. 近代西欧印刷媒介研究——从古登堡到启蒙运动 [M]. 上海：华东师范大学出版社，2001.

[10]　施继龙，张树栋，张养志. 中国印刷术发展史略 [M]. 北京：印刷工业出版社，2011.

[11]　张养志，施继龙. 第七届中国印刷史学术研讨会论文集 [M]. 北京：印刷工业出版社，2011.

[12]　中国印刷及设备器材工业协会. 中国印刷工业人物志 [M]. 北京：印刷工业出版社，1993.

[13]　谭树林. 英国东印度公司与澳门 [M]. 广州：广东人民出版社，2010.

[14]　苏精. 马礼逊与中文印刷出版 [M]. 台北：学生书局，2000.

[15]　汪家熔. 商务印书馆史及其他 [M]. 北京：中国书籍出版社，1998.

[16]　叶再生. 中国近代现代出版通史：第一卷 [M]. 北京：华文出版社，2002.

[17]　[加]季加珍. 印刷与政治：《时报》与晚清中国的改革文化 [M]. 王樊一婧,译. 桂林：广西师范大学出版社，2015.

[18]　沈珉. 现代性的另一副面孔：晚清至民国的书刊形态研究 [M]. 北京：中国书籍出版社，2015.

[19] 韩丛耀. 中国近代图像新闻史：1840—1919 [M]. 南京：南京大学出版社，2012.

[20] 周一凝. 封面上的往事 [M]. 北京：中央广播大学出版社，2015.

[21] 曲德森. 中国印刷发展史图鉴 [M]. 太原：山西教育出版社，2013.

[22] 宋原放，孙颙. 上海出版志 [M]. 上海：上海社会科学院出版社，2000.

[23] 朱联保. 近现代上海出版印象记 [M]. 上海：学林出版社，1993.

[24] 张静庐. 中国近现代出版史料 [M]. 上海：上海书店出版社，2003.

[25] 吴永贵. 中国出版史 [M]. 长沙：湖南大学出版社，2008.

[26] 张树栋，庞多益，郑如斯. 简明中华印刷通史 [M]. 桂林：广西师范大学出版社，2004.

[27] 曹之. 中国古籍版本学 [M]. 武汉：武汉大学出版社，2002.

[28] 郑士德. 中国图书发行史 [M]. 北京：高等教育出版社，2000.

[29] 宋应离. 中国期刊发展史 [M]. 郑州：河南大学出版社，2000.

[30] 阿英. 晚清文艺报刊述略 [M]. 上海：古典文学出版社，1958.

[31] 郑逸梅. 书报话旧 [M]. 北京：中华书局，2005.

[32] 丁守和. 辛亥革命时期期刊介绍 [M]. 北京：人民文学出版社，1987.

[33] 许志浩. 中国美术期刊过眼录：1911—1949 [M]. 上海：上海书画出版社，1992.

[34] 马国亮. 良友忆旧：一家画报与一个时代 [M]. 北京：三联书店，2002.

[35] 高崧. 商务印书馆九十年——我和商务印书馆 [M]. 北京：商务印书馆，1987.

[36] 高崧. 商务印书馆九十五年——我和商务印书馆 [M]. 北京：商务印书馆，1992.

[37] 张伟. 沪渎旧影[M]. 上海：上海辞书出版社，2002.

[38] 陈平原，王德威，商伟. 晚明与晚清——历史传承与文化创新 [M]. 武汉：湖北教育出版社，2002.

[39] 陈平原，夏晓虹. 图像晚清 [M]. 天津：百花文艺出版社，2001.

[40] 周为筠. 杂志民国：刊物里的时代风云 [M]. 北京：金城出版社，2009.

[41] 张伟. 尘封的珍书异刊 [M]. 天津：百花文艺出版社，2004.

[42] 李勇军. 再见，老杂志：细节中的民国记录 [M]. 北京：北京工业大学出版社，2010.

[43] 姜德明. 书衣百影 [M]. 北京：三联书店，1999.

[44] 姜德明. 书衣百影续编 [M]. 北京：三联书店，2001.

[45] 于润琦. 唐弢藏书 [M]. 北京：北京出版社，2005.

[46] 程德培. 时代漫画 [M]. 上海：上海社会科学出版社，2004.

[47] 张静庐. 在出版界二十年 [M]. 上海：江苏教育出版社，2005.

[48] 王建辉. 出版与近代文明 [M]. 郑州：河南大学出版社，2006.

[49] 李欧梵. 上海摩登——一种新都市文化在中国 [M]. 北京：人民文学出版社，2010.

[50] 孟悦. 人·历史·家园：文化批评三调 [M]. 北京：人民文学出版社，2006.

[51] 汪晖，余国良. 上海：城市、社会与文化 [M]. 香港：中文大学出版社，1998.

[52] 倪伟. '民族'想象与国家统制 [M]. 上海：上海教育出版社，2003.

[53] 上海市档案馆. 近代城市发展与社会转型——上海档案史料研究(第四辑) [M]. 上海：上海三联书店，2008.

[54] 刘慧英. 遭遇解放：1890—1930年代的中国女性 [M]. 北京：中央编译出版社，2005.

[55] 李晓红. 女性的声音——民国时期上海知识女性与大众传媒 [M]. 上海：学林出版社，2008.

[56] [美]葛凯，黄振萍. 制造中国：消费文化与民族国家的创建 [M]. 黄振萍，译. 北京：北京大学出版社，2007.

[57] [德]哈贝马斯，曹卫东，等. 公共领域的结构转型 [M]. 曹卫东，译. 上海：学林出版社，1999.

[58] 邓正来. 国家与市民社会：一种社会理论的研究路径 [M]. 上海：上海人民出版社，2006.

[59] 周宪. 视觉文化的转向 [M]. 北京：北京大学出版社，2008.

[60] [德]于尔根·哈贝马斯. 文化现代性精粹读本 [M]. 周宪，译. 北京：中国人民大学出版社，2006.

[61] 陈永国. 视觉文化研究读本 [M]. 北京：北京大学出版社，2009.

[62] 陆扬，王毅. 大众文化研究 [M]. 上海：上海三联书店，2001.

[63] 《上海美术志》编纂委员会. 上海美术志 [M]. 上海：上海书画出版社，2004.

[64] 王震. 20世纪上海美术年表 [M]. 上海：上海书画出版社，2005.

[65] 李太成. 上海文化艺术志 [M]. 上海：上海社会科学院出版社，2003.

[66] 郭恩慈，苏珏. 中国现代设计的诞生 [M]. 上海：东方出版中心，2008.

[67] 阮荣春，胡光华. 中国近代美术史 [M]. 天津：天津人民美术出版社，2005.

[68] 林家治. 民国商业美术史 [M]. 上海：上海人民美术出版社，2008.

[69] 陈瑞林. 中国现代艺术设计史 [M]. 长沙：湖南科学技术出版社，2002.

[70] 黄可. 上海美术史札记 [M]. 上海：上海人民美术出版社，2000.

[71] 陈超南，冯懿有. 老广告 [M]. 上海：上海人民美术出版社，1998.

[72] 张燕凤. 老月份牌广告画 [M]. 台湾：台北汉声出版社，1994.

[73] 高艳，邓明. 老月份牌年画——最后一瞥 [M]. 上海：上海画报出版社，2003.

[74] 吴昊，卓伯棠. 都会摩登——月份牌：1910—1930年 [M]. 香港：三联书店，1994.

[75] 左旭初. 老商标 [M]. 上海：上海画报出版社，1999.

[76] 左旭初. 中国商标史话 [M]. 天津：百花文艺出版社，2002.

[77] 由国庆. 再见老广告 [M]. 天津：百花文艺出版社，1998.

[78] 赵琛. 中国广告文化 [M]. 长春：吉林科技出版社，2001.

[79] 益斌，柳又明，甘振虎. 老上海广告 [M]. 上海：上海画报出版社，2000.

[80] 杭间. 设计史研究 [M]. 上海：上海书画出版社，2007.

[81] 赵琛. 中国广告史 [M]. 长春：吉林科学技术出版社，2005.

[82] 马宝珠. 中国新文化运动史 [M]. 台湾：文津出版社，1996.

[83] 黄修己. 20世纪中国文学史 [M]. 广州：中山大学出版社，2004.

[84] 许道明. 中国新文学史 [M]. 上海：上海古籍出版社，2005.

[85] 马光仁. 上海新闻史 [M]. 上海：复旦大学出版社，1996.

[86] 方汉奇. 中国近代报刊史 [M]. 太原：山西人民出版社，1991.

[87] [美]费正清. 剑桥中华民国史 [M]（上卷）. 北京：中国社会科学出版社，1994.

[88] 熊月之. 上海通史·第八卷·民国经济 [M]. 上海：上海人民出版社，1999.

[89] 熊月之. 上海通史·第九卷·民国社会 [M]. 上海：上海人民出版社，1999.

[90] 熊月之. 上海通史·第十卷·民国文化 [M]. 上海：上海人民出版社，1999.

[91] 张仲礼. 近代上海城市研究 [M]. 上海：上海文艺出版社，2008.

[92] 唐振常，沈恒春. 上海史 [M]. 上海：上海人民出版社，1998.

[93] [美]罗兹·墨菲.上海——现代中国的钥匙 [M].上海：上海人民出版社，1986.

[94] 熊月之，周武.海外上海学 [M].上海：上海古籍出版社，2004.

[95] [美]卢汉超.霓虹灯外：20世纪初日常生活中的上海 [M].上海：上海古籍出版社，2004.

[96] 罗苏文.近代上海：都市社会与生活 [M].北京：中华书局，2006.

[97] 吴健熙，田一平.1937—1941：上海生活 [M].上海：上海社会科学院出版社，2006.

[98] 姚建斌.啊，上海，你这个中国的安乐窝 [M].长沙：岳麓书社，2003.

[99] 秦风.梦迴沪江——百年上海330个瞬间 [M].上海：文汇出版社，2005.

[100] 上海市档案馆.租界里的上海 [M].上海：上海社会科学院出版社，2003.

[101] 中国科学院上海经济研究所，上海社会科学院经济研究所.上海解放前后物价资料汇编 [M].上海：上海人民出版社，1958.

[102] 邵绡红.我的爸爸邵洵美 [M].上海：上海书店出版社，2005.

[103] 叶浅予.细叙沧桑记流年 [M].北京：群言出版社，1992.

[104] 叶浅予.我的漫画生活 [M].北京：中国旅游出版社，2007.

[105] 丁浩.美术生涯70载 [M].上海：上海人民美术出版社，2009.

[106] 温梓川.文人的另一面 [M].桂林：广西师范大学出版社，2004.

[107] 许志浩.中国美术社团漫录 [M].上海：上海书画出版社，1992.

[108] 陈之佛.陈之佛文集 [M].上海：江苏美术出版社，1996.

[109] 李有光，陈修范.陈之佛研究 [M].上海：江苏美术出版社，1990.

[110] 黄永玉.比我老的老头 [M].北京：作家出版社，2008.

[111] Scott Minick, Jiao Ping. Chinese Graphic Design in the Twentieth Century [M].Thames & Hudson, 2010.

[112] Lyn Pan. Shanghai Style. Art and Design Between the Wars [M]. Long River Press, 2009.